# 電気工事が一番わかる

電気工事士受験に最適！
現場の実務を詳細に解説

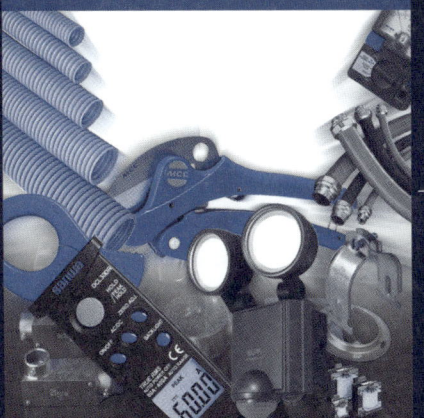

常深信彦 著

技術評論社

## はじめに

　建物の電気工事は、建物が竣工すると改築や建て直しになるまで長期間にわたって使われていきます。この期間中に電気工事に起因する火災事故や感電事故の発生があってはならないのですから関係者の責任は重大です。一方では大変やりがいのある仕事といえます。

　電気工事は、電気事業法を頂点に関係法令や電力会社の定める規定などで工事の内容や従事者の資格などが事細かに決められており、これらを守って設計し、材料を選定し、工事し、検査、保守していくことが求められています。

　本書は、電気工事の種類とあらまし、使用する電線、ケーブル、管といった資材と付属品、配線器具、よく使われる工具等を説明しています。また、竣工検査で使われる測定器、関係のある基本的な測定器具、施工作業の際に必要となる単線図、複線図と図面の中に使われる図記号についても説明しています。また、電気保安4法の概要についても説明し、電気工事に関係のある事柄のあらましをつかめるように構成してあります。

　電気工事士試験を受験される方は、本書で電気工事のあらましを学ばれたら受験参考書で必須事項を学び、技能試験のテクニックを身につけて準備されることをおすすめします。

　読者の方が電気工事を通して明るい未来にチャレンジされていくことを祈念しています。

平成26年7月<br>
常深信彦

## しくみ図解
## 電気工事が一番わかる 目次

電気工事士受験に最適！
現場の実務を詳細に解説

はじめに ……… 3

### 第1章 電気工事の分類と屋内の電気工事 ……… 9

1 電気工事とは？ ……… 10
2 電気工事の分類 ……… 12
3 金属管工事 ……… 14
4 合成樹脂管工事 ……… 18
5 線ぴ工事 ……… 20
6 可とう電線管工事 ……… 24
7 フロアダクト工事 ……… 28
8 ライティングダクト工事 ……… 30
9 ケーブル工事 ……… 32
10 金属ダクト工事 ……… 34
11 その他の電気工事 ……… 36

### 第2章 屋外の電気工事 ……… 39

1 引込工事 ……… 40
2 接地工事 ……… 44
3 放電灯工事 ……… 48
4 地中埋設工事 ……… 50
5 鉄筋コンクリート埋設工事 ……… 52

CONTENTS

## 第3章 工事材料 ……… 55

1 電線 ……… 56
2 ケーブル ……… 58
3 電線管 ……… 62
4 可とう電線管 ……… 66
5 線ぴ ……… 70
6 ダクトとケーブルラック ……… 74

## 第4章 工事部品 ……… 77

1 金属電線管の付属部品 ……… 78
2 合成樹脂電線管の付属部品 ……… 80
3 支持・固定用部品 ……… 82
4 ボックスとキャップ ……… 84
5 接続部品 ……… 86

## 第5章 配線器具と負荷設備 ……… 89

1 コンセント ……… 90
2 スイッチ ……… 92
3 分電盤 ……… 94
4 遮断器 ……… 96
5 タイムスイッチ ……… 98
6 変圧器 ……… 100
7 電動機 ……… 102
8 照明器具 ……… 104

CONTENTS

## 第6章 作業工具 ...... 107

1 回す工具 ...... 108
2 切る工具 ...... 110
3 穴をあける工具 ...... 112
4 接続する工具と金具 ...... 116
5 叩く工具 ...... 118
6 管工事に関する工具 ...... 120
7 身を守る装備 ...... 124

## 第7章 竣工検査と測定器材 ...... 127

1 竣工検査 ...... 128
2 絶縁抵抗の測定 ...... 130
3 接地抵抗の測定 ...... 132
4 回路計による電圧、電流等の測定 ...... 134
5 長さや角度を測定する工具や道具 ...... 136
6 墨出し作業用器材 ...... 138

## 第8章 配線回路の設計 ...... 139

1 引込口配線の設計 ...... 140
2 幹線の設計 ...... 142
3 分岐回路の設計 ...... 144
4 コンセントから先の安全設計 ...... 146
5 小勢力回路の設計 ...... 148

## 第9章 配線図と図記号 ・・・・・・・・・ 151

1　配線図①単線図 ・・・・・・・・ 152
2　配線図②複線図 ・・・・・・・・ 154
3　配線、配管の図記号 ・・・・・・・・ 158
4　コンセントの図記号 ・・・・・・・・ 160
5　スイッチの図記号 ・・・・・・・・ 162
6　照明器具の図記号 ・・・・・・・・ 164
7　その他の図記号 ・・・・・・・・ 166

## 第10章 電気工事関係の法令 ・・・・・・・・・ 169

1　電気保安に関する法律の体系 ・・・・・・・・ 170
2　電気事業法 ・・・・・・・・ 172
3　電気工事士法 ・・・・・・・・ 174
4　電気工事業法 ・・・・・・・・ 176
5　電気用品安全法 ・・・・・・・・ 178

CONTENTS

### ● Column

- 世界の無電柱化率の動向 ……… 23
- 電気の基本単位 ……… 73
- 電気工事の支持間隔 ……… 88
- 時限爆弾目覚まし ……… 99
- 電動機の選定手順 ……… 103
- 作業工具の正しい使い方① ……… 115
- 半田の歴史 ……… 117
- 作業工具の正しい使い方② ……… 118
- 作業工具の正しい使い方③ ……… 123
- 接触と非接触 ……… 135
- 結線と接続の方法 ……… 155
- スイッチ回路と2進法 ……… 157
- 電気工事に関連のある図面のCAD化 ……… 168
- 低圧電気取扱い業務特別教育とは ……… 173

- 巻末資料 電気の基礎知識 ……… 180
- 電気工事に関連あるURL集 ……… 186
- 参考文献 ……… 187
- 用語索引 ……… 188

# 第1章

# 電気工事の分類と屋内の電気工事

この章では、経済産業省が定める「電気設備の技術基準の解釈」に定められている屋内電気工事を中心にして各工事のポイントを説明していきます。

# 電気工事とは？

　電線やケーブルを使って電気を目的地まで届ける電路を配線する工事が電気工事です。

## ●電気工作物とは？

　電気事業法では電気設備や電気配線する電路を電気工作物とよんでおり、図1-1-1の送電経路に示す電気工作物は、事業用電気工作物と一般用電気工作物からなっています。また、事業用電気工作物は電気事業用電気工作物と自家用電気工作物に区分されます。

### 図 1-1-1　送電経路と電気工作物

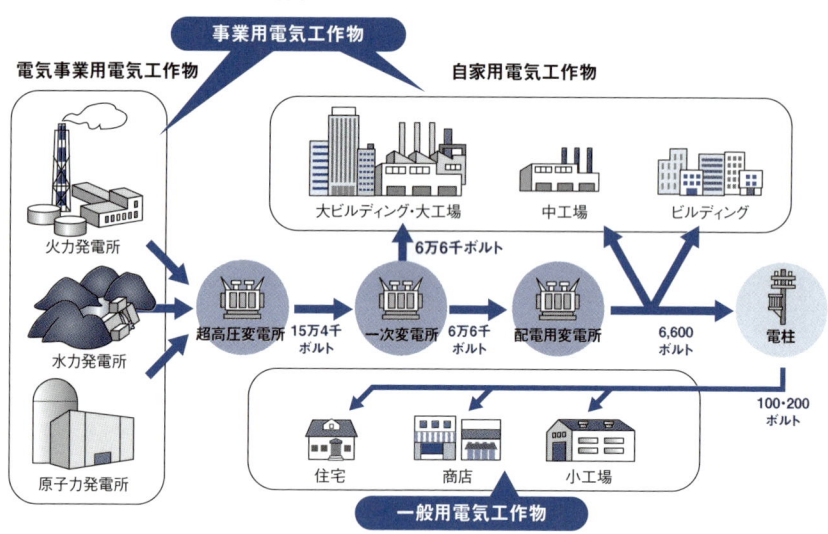

## ●電気工事を施設する場所とは？

　電気工事を施設する場所は、展開した場所、点検できる隠ぺい場所、点検できない隠ぺい場所や乾燥した場所、湿気の多い場所、水気のある場所に分け

10

られます。各場所について表1-1-1に説明します。
　また、屋外と屋内の電気工事を施設する場所の区分と考え方について図1-1-2に示します。

### 表 1-1-1　電気工事を施設する場所

| | |
|---|---|
| 展開した場所 | 何も遮るものがなく電気設備を点検できる場所です。天井下面や壁面等の屋側の場所をさし、露出した場所ともよばれています。 |
| 点検できる隠ぺい場所 | 点検口がある天井裏、戸棚または押入れ等です。容易に電気設備に接近し、点検することができる場所です。 |
| 点検できない隠ぺい場所 | 点検口がない天井ふところ、壁内やコンクリート床内等です。工作物を壊さないと電気設備に接近し、点検することができない場所です。 |
| 乾燥した場所 | 湿気の多い場所、水気のある場所以外の場所のことです。 |
| 湿気の多い場所 | 風呂もしくはそば屋等の厨房のように水蒸気が充満する場所、または床下もしくは酒、しょうゆ等の醸造場もしくは貯蔵場その他これらに類する湿度の高い場所のことです。 |
| 水気のある場所 | 魚屋、洗車場その他水を扱う場所、水を扱う場所の周辺その他水が飛び散るおそれがある場所または地下室のように常時水が漏出しもしくは結露する場所のことです。電気的には電気器具からの漏電による危険性の最も高い場所になります。 |

### 図 1-1-2　電気工事を施設する場所の区分

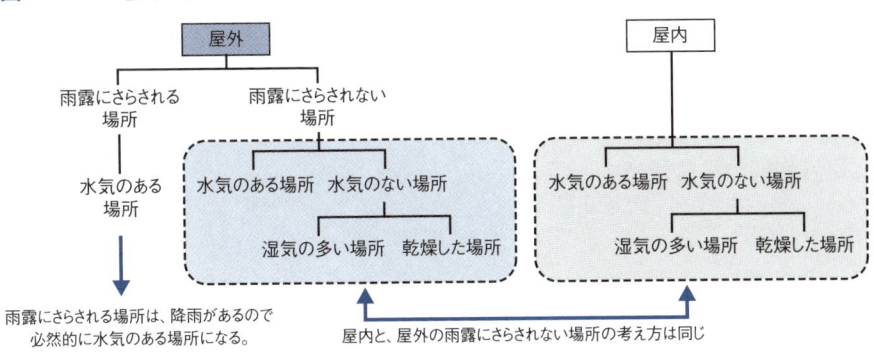

出典：経済産業省「電気設備の技術基準の解釈の解説」より

# 電気工事の分類

　電気工事は家屋の屋内の配線工事と屋外の配線工事に分けられます。その電路に使用する電線やケーブルをどのような材料に収納して施工するのかによって電気工事に名前が付けられています。表1-2-1に電気工事の方式と名前を示します。本章の1-3節以降ではこの表に示す一般電気工作物の各電気工事について解説していきます。

**表 1-2-1　電気工事の方式と名前**

| 方式 | | 工事の名前 | 屋内配線 | 屋外配線 | 掲載ページ |
|---|---|---|---|---|---|
| 電線、ケーブル収納方式 | 管 | 金属管工事 | ○ | ○ | 14 |
| | | 合成樹脂管工事 | ○ | ○ | 18 |
| | | 金属可とう電線管工事 | ○ | ○ | 24 |
| | 線ぴ | 金属線ぴ工事 | ○ | | 20 |
| | | 合成樹脂線ぴ工事 | ○ | | 22 |
| | ダクト | 金属ダクト工事 | ○ | | 34 |
| | | フロアダクト工事 | ○ | | 28 |
| | | セルラダクト工事 | ○ | | 37 |
| バス導体収納方式 | ダクト | バスダクト工事 | ○ | ○ | 37 |
| | | ライティングダクト工事 | ○ | | 30 |
| 電線露出方式 | | がいし引き工事 | ○ | ○ | 36 |
| ケーブル露出方式 | | ケーブル工事 | ○ | ○ | 32 |
| 絶縁電線方式 | | 平形保護層工事 | ○ | | 38 |

　表1-2-2に屋内配線の施設場所の区分と使用できる工事の種類を、表1-2-3に屋外配線の施設場所の区分と使用できる工事の種類を○で示します。

### 表 1-2-2　屋内配線・施設場所の区分と使用できる工事

| 施設場所の区分 | | 使用電圧の区分 | 工事の種類 ||||||||||
|---|---|---|---|---|---|---|---|---|---|---|---|---|
| | | | がいし引き工事 | 合成樹脂管工事 | 金属管工事 | 金属可とう電線管工事 | 金属線ぴ工事 | 金属ダクト工事 | バスダクト工事 | ケーブル工事 | フロアダクト工事 | セルラダクト工事 | ライティングダクト工事 | 平形保護層工事 |
| 展開した場所 | 乾燥した場所 | 300V 以下 | ○ | ○ | ○ | ○ | ○ | ○ | ○ | ○ | | | ○ | |
| | | 300V 超過 | ○ | ○ | ○ | ○ | | ○ | ○ | ○ | | | | |
| | 湿気の多い場所または水気のある場所 | 300V 以下 | ○ | ○ | ○ | ○ | | | ○ | ○ | | | | |
| | | 300V 超過 | ○ | ○ | ○ | ○ | | | | ○ | | | | |
| 点検できる隠ぺい場所 | 乾燥した場所 | 300V 以下 | ○ | ○ | ○ | ○ | ○ | ○ | ○ | ○ | | ○ | ○ | |
| | | 300V 超過 | ○ | ○ | ○ | ○ | | ○ | ○ | ○ | | | | |
| | 湿気の多い場所または水気のある場所 | — | ○ | ○ | ○ | ○ | | | | ○ | | | | |
| 点検できない隠ぺい場所 | 乾燥した場所 | 300V 以下 | | ○ | ○ | ○ | | | | ○ | ○ | ○ | | |
| | | 300V 超過 | | ○ | ○ | ○ | | | | ○ | | | | |
| | 湿気の多い場所または水気のある場所 | — | | ○ | ○ | ○ | | | | ○ | | | | |

(備考) ○は、使用できることを示す。

### 表 1-2-3　屋外配線・施設場所と使用できる工事

| 施設場所の区分 | 使用電圧の区分 | 工事の種類 ||||||
|---|---|---|---|---|---|---|---|
| | | がいし引き工事 | 合成樹脂管工事 | 金属管工事 | 金属可とう電線管工事 | バスダクト工事 | ケーブル工事 |
| 展開した場所 | 300V 以下 | ○ | ○ | ○ | ○ | ○ | ○ |
| | 300V 超過 | ○ | ○ | ○ | ○ | ○ | ○ |
| 点検できる隠ぺい場所 | 300V 以下 | ○ | ○ | ○ | ○ | ○ | ○ |
| | 300V 超過 | | ○ | ○ | ○ | ○ | ○ |
| 点検できない隠ぺい場所 | — | | ○ | ○ | ○ | | ○ |

(備考) ○は、使用できることを示す。

また、1-3節以降で扱う電気工事には次のような共通するポイントがあります。

### ●電気工事作業共通のPOINT

① 電線、ケーブルに張力を加えないように施工する。
② 場所に応じて電線管や線ぴに電線、ケーブルを収納して保護する。
③ 発熱を考慮して電線管や線ぴの容積に余裕を持たせて電線、ケーブルを収納する。
④ 点検できない場所では電線の接続をしない。
⑤ 電気設備は接地をとって感電や漏電の事故を未然に防止する。
⑥ 要所にはその場に対応している遮断器を挿入して事故発生を防止する。
⑦ 電気工作物の区分に対応した資格の保有者が工事にあたる。

# 金属管工事

　長さ3.66mの金属電線管（厚鋼電線管（G管）、薄鋼電線管（C管）、ねじなし電線管（E管））3種類（3-3節参照）のいずれかと付属品を使って配管し、配管された管内に電線やケーブルを通して配線を行うのが金属管工事です。金属管工事を、配管の準備作業と配管を造営材に支持固定する配管工事に分けて説明していきます。なお付属品の説明は4-1節を参照してください。

## ●配管の準備作業

　金属管工事ではまず管同士の相互接続、ボックス等との接続、接地のための管と付属品の相互接続、管の曲げ等の配管のための準備作業を行います。

**【薄鋼電線管の接続】**

・**薄鋼電線管相互の接続**

　管端にねじを切った管をカップリングの両側からねじ込んで接続します。ねじ込みができないときにはユニオンカップリングを使います。

・**ボックスとの接続**

　管端にねじを切ってボックスの穴に差し込み、両側からロックナットでねじ止めします。ボックスの穴径が大きいときにはリングレジューサを入れて穴径の差を埋めてからロックナットでねじ止めします。

**【ねじなし電線管の接続】**

・**ねじなし電線管相互の接続**

　管をねじなし管用カップリングに両側から差し込み、カップリングのねじを締め付けて固定します。

・**ボックスとの接続**

　ねじなし管用ボックスコネクタのねじが切ってある側をボックスに差し込み、ロックナットでねじ止めします。ボックスの穴径と差があるときは薄鋼電線管の場合と同様にリングレジューサを入れてからロックナットでねじ止めします。次にボックスコネクタにねじなし電線管を差し込み、ボッ

クスコネクタのねじを締め付けて固定します。

【金属電線管の曲げ】

　ヒッキー、ロールベンダー等の手で曲げるパイプベンダー工具や油圧式パイプベンダーを使って直角曲げやS字曲げを行います。金属電線管には曲げ始める点と曲げ終わる点をチョークでマーキングしておきます。曲げ工具に付けられている曲げ始め点と管のマーキングを合わせて曲げ作業に入ります。

　金属電線管は曲げずにノーマルベンド、ユニバーサル等の相互接続用付属品を使って配管することもできます。

【接地をとるための接続】

　金属管工事ではD種接地（2-2節参照）をとる必要があります。接地線と接続し、配管全体の接地をとるために管と付属品を裸銅線で接続しておきます。この裸銅線をボンド線とよんでいます。

・接続の手順

①薄鋼電線管では接地金具（ラジアスクランプ等）を管とボンド線に巻きつけて接続します。

②ねじなし電線管ではボックスコネクタにある座金にボンド線を通し締め付けて接続します。

③金属ボックスではボックス内にボンド線を通し、ねじ止めして接続します。

　②、③のボンド線とボックスコネクタ、金属ボックスとの接続写真を図1-3-1に示します。

**図 1-3-1　ボンド線（裸銅線）とボックスコネクタ、金属ボックスの接続**

写真提供：ブログ「素朴で自由な生活をめざして」

## ●配管工事

金属電線管を支持固定する配管工事には、目に見える場所の「露出配管工事」と壁内や天井裏等の目に見えない場所の「隠ぺい配管工事」があります。

【露出配管工事】

- **木造の造営材に沿って施工する場合**
  サドルと木ねじで管を支持固定します。
- **コンクリートに沿って施工する場合**
  サドルとカールプラグで支持固定します。
- **垂直の屋側配管の場合**
  雨水侵入防止のためにエントランスキャップを取り付けます。
- **水平の屋側配管の場合**
  雨水侵入防止のためにターミナルキャップを取り付けます。

【隠ぺい配管工事】

隠ぺい配管には点検できる場所と点検できない場所での配管があります。

- **点検できる場所の隠ぺい配管**
  金属でできている造営材に沿って配管するときは電気的に完全な絶縁をし、固定します。この造営材を貫通させるときには壁にビニル管を埋め込みその中を通して絶縁します。
- **点検できない場所の隠ぺい配管**
  ①間仕切り壁に埋め込む場合：バインド線や固定金具を使って支持点間が2m以下になるように固定します。
  ②コンクリート埋設配管（打ち込み配管）の場合：バインド線や鉄線を使って支持点間が2m以下になるように鉄筋に縛りつけて固定します。

金属電線管を施工場所の形式に合わせて配管する部品や配線を中継するためのボックスと接続部品等の付属品類を図1-3-2に示します。付属品の中から直角に配管するためのL型ユニバーサルと管径の4倍前後の曲げ半径をしたノーマルベンドを使ってコンクリート建造物の壁面に沿って配管した施設例を図1-3-3に示します。ねじなし電線管とプルボックスをボックスコネクタで接続した例を図1-3-4に示します。

### 図 1-3-2 金属電線管と付属品の例

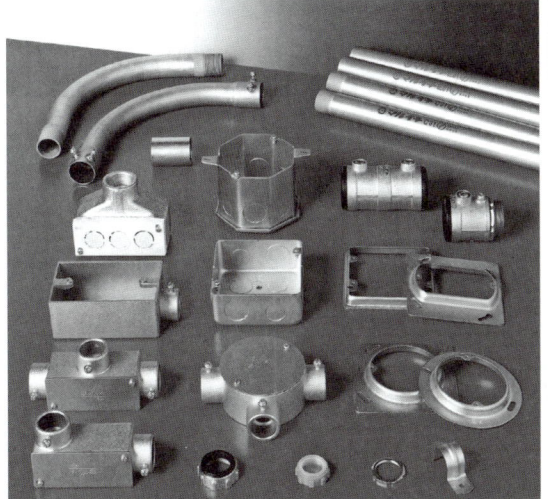

### 図 1-3-3
### 金属電線管と付属品による配管例

写真提供：丸一鋼管株式会社

### 図 1-3-4 プルボックスへの配管例

> ●金属管工事のPOINT
> ① OW線（単線の屋外用ビニル電線）を除いたより線の絶縁電線と直径3.2mm以下の単線の絶縁電線が使えます。
> ② 金属電線管内で電線相互の接続はできません。ジャンクションボックス内で行います。
> ③ 交流回路の電線は1回路すべてを金属配線管内に収めて電磁的平衡を保ちます。
> ④ 使用電圧が300V以下の場合はD種接地をとります（以下の⑤、⑥の場合は除く）。
> ⑤ 乾燥した場所で管の長さが4m以下の場合は接地を省略することができます。
> ⑥ 対地電圧が150V以下で、管の長さが4m以下の管を乾燥した場所や人が容易に触れるおそれがないように施設した場合は接地を省略することができます。
> ⑦ 管端には絶縁ブッシングを付けて電線に傷をつけないように保護します。

# 1-4 合成樹脂管工事

　合成樹脂管工事は、長さ4mの硬質塩化ビニル製のVE管や硬質塩化ビニル製で耐衝撃性のあるHIVE管を使って配管し、電線やケーブルを配線する工事です。VE管やHIVE管は（65ページ参照）、JIS C8430（硬質塩化ビニル電線管の規格）に沿って製造、試験されています。

　合成樹脂管は、屋内での配管や土中に埋設する配管工事によく使われています。熱や紫外線には弱いので高熱の場所や直射日光に当たる場所への施設には適していません。

　塩化ビニル製管でも薄肉のVU管や厚肉のVP管は、電気工事には使えません。図1-4-1に合成樹脂管を示します。

## ●合成樹脂管の接続

・準備作業

　接続する管の管端のバリを面取り器を使って取り除き、屑をふきとっておきます。

【カップリングを使用するとき】

① 接続する管のカップリングの長さの半分の長さの位置にマーキングします。

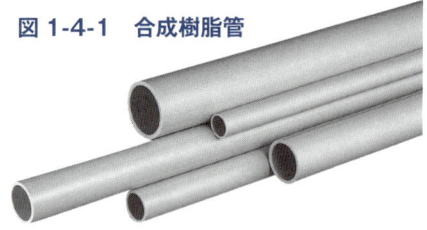

図 1-4-1　合成樹脂管

写真提供：クボタシーアイ株式会社

② カップリングの内面と接続する管の外周のマーキング位置まで接着剤を素早く均一に刷毛で塗りつけます。
③ 接続する片方の管をマーキング位置までカップリングに差し込みます。他方の管をカップリング中で片方の管に突き当たるまで差し込みます。
④ ガストーチランプの炎でカップリングの外面をくまなく均一に素早く加熱します。
⑤ 加熱した外周を濡れたウエス等を使って冷却した後、水をふき取ります。

【TSカップリングを使用するとき】

①TSカップリングの差込寸法を接続する管にマーキングしておきます。

② TSカップリングの内面と接続する管の外周のマーキング位置まで接着剤を素早く均一に刷毛で塗りつけます。
③ 接続する管をTSカップリングのストッパ位置まで差し込み、10秒ほど力を加えたまま静止します。
④ 加熱の必要はありません。

## ●合成樹脂管の曲げ

### 【直角曲げ】

① 管の曲げ半径は管の内径の6倍以上とします。
② 管の曲げ長さは管の曲げ半径の1.57倍以上とします。
③ 管の曲げ始め位置と曲げ終わり位置にマーキングしておきます。
④ ガストーチランプを右手に持ち、左手に管を持ち、回転させながらマーキング区間を指で押すとへこむ程度に柔らかくなるまで炎で加熱していきます。
⑤ 加熱した管を型枠もしくはベニヤ板に書いた曲げ半径の線に沿って曲げながら形を整えていきます。
⑥ 加熱した外周を濡れたウエス等を使って冷却し、水をふき取ります。
　ノーマルベンドを使うと接着作業のみで曲げ加工は不要になります。

### 【S曲げ】

① ベニヤ板に曲げ寸法のS字を書いておきます。
② 曲げる管の曲げ始め位置と曲げ終わり位置にマーキングしておきます。
③ 直角曲げと同じように曲げる区間を加熱します。
④ ベニヤ板のS字に合わせて曲げながら形を整えていきます。
⑤ 加熱した外周を濡れたウエス等を使って冷却した後、水をふき取ります。

---

### ●合成樹脂管工事のPOINT

① 屋内配管や地中埋設配管での使用に適しています。
② 地中埋設配管の配線に使用できるのはシースのあるケーブルで、電線は使えません。
③ 直射日光が当たるところで使う場合にはカバーをし、日光を軽減します。
④ 直射日光が当たるおそれがある部分には管面をアクリル樹脂系塗料で塗装しておきます。
⑤ 支持間隔は1.5m以下となり、金属電線管の2m以下より短くなります。

# 1-5 線ぴ工事

「線ぴ」は幅が50mm以下のベースにキャップが付いた樋です。金属製の線ぴと合成樹脂製の線ぴがあります（3-5節参照）。ベースを造営材に固定し、ベースの中に電線やケーブルを通してからキャップをかぶせて配線するのが線ぴ工事です。

### ●金属線ぴ工事

金属線ぴにはメタルモールとよばれている「一種金属製線ぴ」とレースウェイとよばれている「二種金属製線ぴ」の2種類があります。任意の長さに簡単に切断して使用することができ、接続カバー等の付属品があるので見栄えよく施工できます。

二種金属製線ぴは天井のない駐車場や倉庫で吊りボルトで下げ、照明器具等を取り付けて使われています。

#### 【一種金属製線ぴの金属線ぴ工事】

一種金属製線ぴは、事務所や店舗の増改築等で増設するコンセントやスイッチへ立ち上げ配線するのによく使われています。

図1-5-1にA型、B型、C型の一種金属製線ぴ（メタルモール）の外観と断面寸法を示します。C型は、幅が60mmありますので金属ダクトに区分されます。図1-5-2に増設配線にメタルモールを使った金属線ぴ工事の例を示します。

#### 【二種金属製線ぴの金属線ぴ工事】

二種金属製線ぴは、天井のない駐車場、倉庫、プラットホーム等では吊りボルトで下げて固定し、照明器具等の取り付けと配線に使われています。レースウェイに照明器具を取り付けるときれいに一直線に配置できます。また、レイアウト変更に応じて簡単に照明器具を移設することもできます。図1-5-3にプラットホームの照明に使われているレースウェイ工事の例を示します。

### 図 1-5-1　一種金属製線ぴの外観と断面寸法

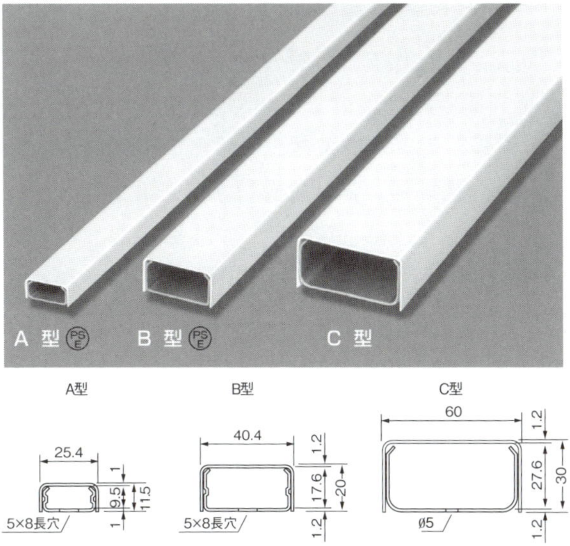

### 図 1-5-2　一種金属製線ぴの使用例

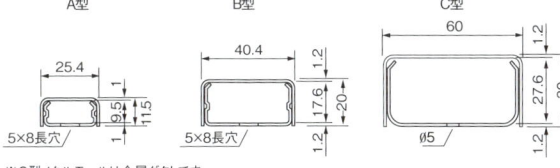
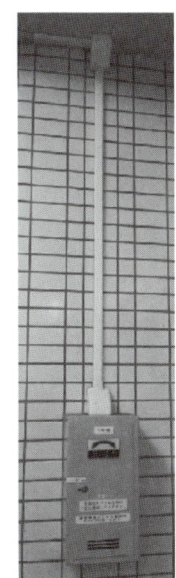

※C型メタルモールは金属ダクトです。

写真提供：マサル工業株式会社

### 図 1-5-3　レースウェイを使った蛍光灯照明の例

● 金属線ぴ工事のPOINT

① OW線以外の絶縁電線が使用できます。
② 使用電圧は300V以下です。
③ 金属線ぴ相互、金属線ぴとボックスは電気的に完全に接続して使用します。
④ D種接地をとる必要があります。
⑤ ただし、次の場合にはD種接地を省略することができます。
・線ぴの長さが4m以下の場合
・対地電圧が150V以下、線ぴの長さが8m以下で、容易に人のふれるおそれがなく施設されている場合
・乾燥した場所に施設した場合

1・電気工事の分類と屋内の電気工事

## ●合成樹脂線ぴ工事

　JIS C8425の規格に沿って製造された合成樹脂製の線ぴを使ってケーブルや電線の配線を施工するのが合成樹脂線ぴ工事です。「電気設備の技術基準の解釈」の旧第176条・合成樹脂線ぴ工事が廃止され、電気安全用品法の品目から合成樹脂線ぴが削除され、内線規程から合成樹脂線ぴ工事が削除されました。しかし、露出配線を施工するときに電線やケーブルの保護カバーとして今でも「電気設備の技術基準の解釈」の旧第176条に沿って使用されています。

　合成樹脂線ぴは、図1-5-4に示すように電線やケーブルを収納するベースとベースの上からふたをするキャップから構成されています。ベースの裏面に粘着テープが付いているものもありますが、粘着テープと造営材の膨張係数の違いや経年変化等で剥がれてきますので、ねじや釘で造営材に確実に固定しておく必要があります。

　普段は深さと幅が3.5cm以下のものを使いますが、人が容易に触れるおそれがないように施工するときには幅が5cm以下のものを使用することができます。幅が5cm以上のものは合成樹脂ダクトに区分されます。

　使用できるのは乾燥した展開されている場所または点検できる隠ぺいされた場所で、かつ衝撃や圧力がかからない場所です。また合成樹脂線ぴは熱に弱いので高温の場所で使うと変形してしまうので使用できません。

**図1-5-4　合成樹脂線ぴと断面形状**

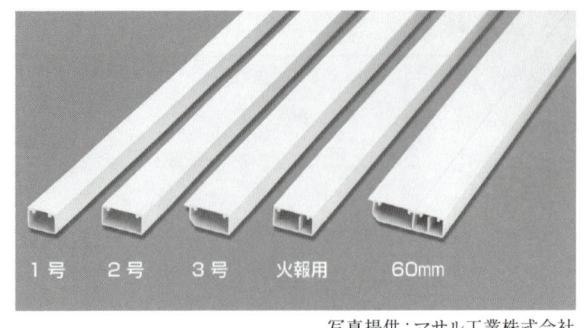

写真提供：マサル工業株式会社

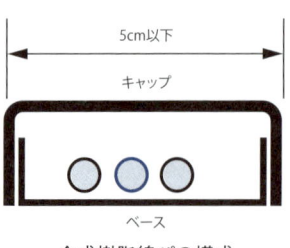

合成樹脂線ぴの構成

● 合成樹脂線ぴ工事のPOINT

① 2mの線ぴ1本につき2～3か所をねじや釘で固定します。
② 線ぴの内側にねじや釘の突起物が残らないように平らになるまで打ち込みます。
③ OW線以外の絶縁電線が収納できます。
④ 合成樹脂線ぴの中では電線の接続はできません。
⑤ 使用電圧は300V以下です。

## Column
## 世界の無電柱化率の動向

　ロンドン、パリ、ボンといったヨーロッパの大都市では道路の無電柱化率100%を達成しています。日本では東京都の千代田区が34.8%と一番進んでいますが全国の10万人以上の都市の市街地では1.1%とまだまだ低い水準にあります。日本には3,500万本の電柱があり、住宅建設等を中心にして年間7万本のペースで増加傾向にあります。
　地震等の災害で道路に電柱が倒れると非常に危険で避難や物資輸送の妨げにもなります。そこで防災と2020年の東京五輪に向けた景観向上のため、無電柱化率を向上させるための検討が国土交通省を中心にして進められています。

図1-A：道路における無電柱化率の比較

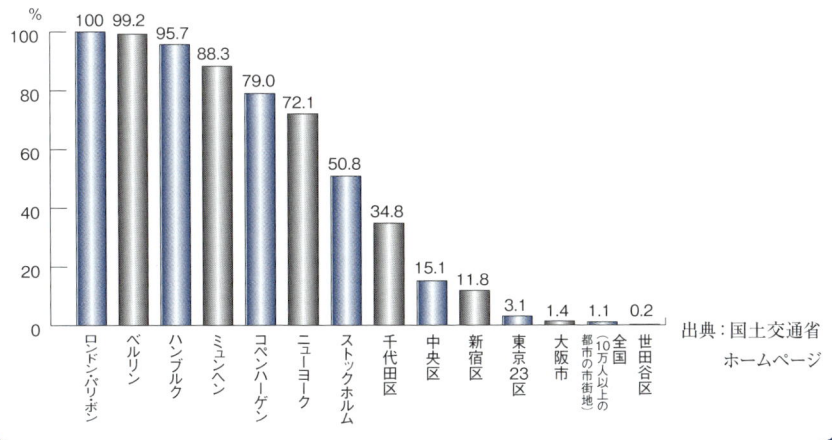

# 可とう電線管工事

　可とう電線管には金属製と合成樹脂製があります。「電気設備の技術基準の解釈」には金属可とう電線管工事について定められています。合成樹脂製可とう管の工事については合成樹脂管工事の中で定められていますが、本書ではこの節の後半であわせて説明します。

## ●金属可とう電線管工事

　金属製可とう電線管には、フレキ（フレキシブル・コンジット）とよばれている金属製可とう電線管とプリカ（プリカチューブ）とよばれている二種金属製可とう電線管があります。これらの金属製可とう電線管を配管し、配線するのが金属可とう電線管工事です。金属可とう電線管工事に使用する電線の種類や接地工事は金属製電線管工事とほぼ同じになります。

　金属可とう電線管工事は、振動を吸収する「可とう性」を利用して振動が大きい電動機、工作機械、製造装置等の工事で使われています。また、電磁シールドが求められる電子機器とアウトレットボックス間の接続や高温な場所に施設する工事にも使われています。

　図1-6-1に金属製可とう電線管の外観を、図1-6-2に金属電線管とプルボックスの間を金属製可とう電線管で接続した金属可とう電線管工事例を示します。

　金属製可とう電線管の特長は、紫外線で劣化して割れたりすることがなく、接地をとれるので感電を防止でき、電磁シールド効果もあります。また、ビニル被覆をかけた防水タイプ、耐寒防水タイプ等の厳しい環境に対応した製品もあります。

　表1-6-1に電線の太さと収納する電線本数から金属製可とう電線管の最小太さを求める選定表を示します。

図 1-6-1 金属製可とう電線管（プリカチューブ） 図 1-6-2 金属製可とう電線管の使用例

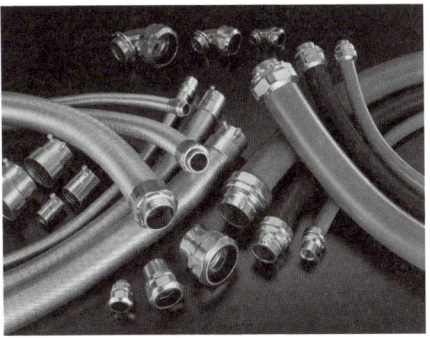

写真提供：株式会社三桂製作所

表 1-6-1 二種金属製可とう電線管の選定

| 電線の大きさ || 電線本数 |||||||||| 
|---|---|---|---|---|---|---|---|---|---|---|
| 単線 (mm) | より線 (mm²) | 1 | 2 | 3 | 4 | 5 | 6 | 7 | 8 | 9 | 10 |
| || 二種金属製可とう電線管の最小太さ（管の呼び径） |||||||||| 
| 1.6 | | 10 | 15 | 15 | 17 | 24 | 24 | 24 | 24 | 30 | 30 |
| 2.0 | | 10 | 17 | 17 | 24 | 24 | 24 | 24 | 30 | 30 | 30 |
| 2.6 | 5.5 | 10 | 17 | 24 | 24 | 24 | 30 | 30 | 30 | 38 | 38 |
| 3.2 | 8 | 12 | 24 | 24 | 24 | 30 | 38 | 38 | 38 | 38 | 38 |
| | 14 | 15 | 24 | 24 | 30 | 38 | 38 | 38 | 50 | 50 | 50 |
| | 22 | 17 | 30 | 30 | 38 | 38 | 50 | 50 | 50 | 50 | 63 |
| | 38 | 24 | 38 | 38 | 50 | 50 | 63 | 63 | 63 | 63 | 76 |
| | 60 | 24 | 50 | 50 | 63 | 63 | 63 | 76 | 76 | 76 | 83 |
| | 100 | 30 | 50 | 63 | 63 | 76 | 76 | 83 | 101 | 101 | 101 |
| | 150 | 38 | 63 | 76 | 76 | 101 | 101 | 101 | | | |
| | 200 | 38 | 76 | 76 | 101 | 101 | 101 | | | | |

内線規程より著者作成

● 金属可とう電線管工事のPOINT

① 露出している場所と点検できる隠ぺいした場所で使用します。
② 電線の接続を金属可とう電線管内で行うことはできません。
③ 交流回路の電線は1回路すべてを金属可とう電線管内に収めて電磁的平衡を保ちます。
④ 電動機等の振動のあるものとケーブルを直接接続するときの配管に使います。
⑤ 使用電圧が300V以下の場合にはD種接地をとります。
⑥ ただし、金属可とう電線管の長さが4m以下の場合には接地を省略できます。
⑦ 使用電圧が300V以上の場合にはC種接地をとります。

25

## ●合成樹脂可とう電線管工事

　合成樹脂製の可とう電線管には自己消火性のあるPF管と自己消火性のないCD管があり、表1-6-2に示す利点を持っています。このようなPF管やCD管を配管し、配線工事をするのが合成樹脂電線管工事です。

　「電気設備の技術基準の解釈」では合成樹脂管製可とう電線管は、自己消火性のある難燃性のPF管をさします。PF管では、屋内、屋外、コンクリート埋設の各工事で絶縁電線、ケーブルともに使用することができます。しかし、地中埋設工事に使用できるのはケーブルのみとなり、絶縁電線は使えません。CD管は自己消火性がないので電線管工事としての使用は、コンクリート埋設工事と専用の不燃性または自消性のある難燃性の管またはダクト収めて施設するときに限られています。そこでCD管は、使用の注意を喚起するためにオレンジ色をしています。

　ケーブル工事における地中埋設においてVVFやVVRなどのケーブルの保

### 表1-6-2　合成樹脂可とう電線管の利点

| 特　徴 | 利　点 |
| --- | --- |
| 曲げやすい | 柔軟で手で自在に曲げることができ構造物に合わせた自由な配管ができる。 |
| 長尺である | 切断・接続箇所が少なくてすみ、使用部材の削減、作業の省力化が可能。 |
| スムーズな通線 | 摩擦係数が少なく、電線の引き込みもスムーズ。 |
| 軽量である | コンパクトなコイル巻き形状のため持ち運びやすく、高所への運搬もラク。 |
| 切断が簡単 | ナイフで簡単に切断でき、金属管のようなネジ切りが不要。 |
| 丈夫で長持ち | 衝撃(圧縮)に強く、復元性に優れるとともに、耐食性・耐久性にも優れている。また、結露の発生が少なく、寒冷地等の作業でも安心して施工できる。 |
| ボンディング不要 | 非磁体性のため、電磁的不平衡の心配がない。 |

出典：合成樹脂製可とう電線管工業会ホームページ

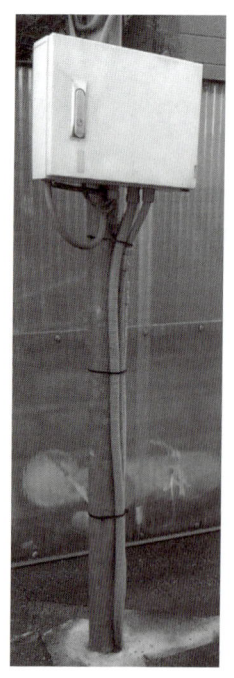

図1-6-3
PF管の使用例

護管として合成樹脂製可とう電線管を使うときにはPF管を使います。絶縁電線（IV線）は保護管があっても地中埋設には使うことはできませんので注意してください。

## ●PF管とCD管の太さの選定

　PF管やCD管を通す電線の太さと本数により管の最小径が決まってきます。表1-6-3に収納する電線の太さと本数からPF管とCD管の最小太さ（最小内径）の選定表を示します。たとえば直径が2.6mmの単線が7本なら最小内径28mmの管が選定されます。これ以上太い余裕のある管なら使うことができます。

### 表1-6-3　PF管とCD管の太さの選定

| 電線太さ || 電線本数 |||||||||| 
|---|---|---|---|---|---|---|---|---|---|---|
| 単線 (mm) | より線 ($mm^2$) | 1 | 2 | 3 | 4 | 5 | 6 | 7 | 8 | 9 | 10 |
| | | CD管および合成樹脂可とう管の最小太さ（管のよび方） |||||||||| 
| 1.6 | | 14 | 14 | 14 | 14 | 16 | 16 | 22 | 22 | 22 | 22 |
| 2.0 | | 14 | 14 | 14 | 16 | 22 | 22 | 22 | 22 | 22 | 28 |
| 2.6 | 5.5 | 14 | 16 | 16 | 22 | 22 | 22 | 28 | 28 | 28 | 36 |
| 3.2 | 8 | 14 | 22 | 22 | 22 | 28 | 28 | 28 | 36 | 36 | 36 |
| | 14 | 14 | 22 | 28 | 28 | 36 | 36 | 42 | 42 | | |
| | 22 | 16 | 28 | 36 | 36 | 42 | 42 | | | | |
| | 38 | 22 | 36 | 42 | | | | | | | |
| | 60 | 22 | 42 | | | | | | | | |
| | 100 | 28 | | | | | | | | | |

（備考1）電線に対する数字は、接地線および直流回路の電線にも適用する。
（備考2）本表は、実験と結果に基づき決定したものである。

出典：合成樹脂製可とう電線管工業界ホームページ

### ●合成樹脂可とう電線管工事のPOINT

① 管の切り口は滑らかに仕上げておき、電線被覆を傷つけないようにします。
② 構造体の強度を減少させるような集中配管にならないよう注意します。
③ 管の屈曲は内径の6倍以上とすることを原則とします。
④ 管の支持間隔は、隠ぺいされた場所では1.5m以下にします。
⑤ 管をボックスと接続した場合や管相互を接続した場合は300mm以内で支持します。
⑥ 管とボックスは、指定の付属品を使用して接続します。

# 1-7 フロアダクト工事

## ●フロアダクト工事

　ビルの床下にフロアダクトとよばれている電源用、通信回線用などの鋼製ダクトを格子状に配列して埋め込み、電源取り出しが必要な箇所にはハイテンションアウトレットを、通信回線用にはモジュラーアウトレット等を取りつけ、配線工事を行うのがフロアダクト工事です。フロアダクトの格子の交点にはジャンクションボックスを設けて配線接続を行います。フロアダクトにはD種接地工事を行います。

### ●フロアダクト工事のPOINT

① 使用できる電線はOW線を除くより線と直径3.2mm以下の単線の絶縁電線です。
② 収容する電線の断面積の総和をダクト断面積の32％以下にします。
③ 使用電圧は300V以下です。
④ 乾燥した床下に限って施設できます。
⑤ 電源用電線の分岐は必ずジャンクションボックス内で行います。

## ●フリーアクセスフロアの方式と特長

　フリーアクセスフロアは、床から一定の高さの空間を設けて設置する二重床であり、床上のレイアウト変更に対応して床下空間の電力用配線、通信用配線と機器などの配置およびメンテナンスを容易にできます。近年ではオフィス、工場、学校等でフロアダクトに代わって施設されることが多くなっており、一般にはOAフロアの名で親しまれています。製品の試験方法はJIS A1450（フリーアクセスフロア試験方法）として標準化されています。ケーブルを使う電力用配線はケーブル工事になります。表1-7-1にフリーアクセスフロアの種類を、表1-7-2にフリーアクセスフロアに使われる床パネルの材質を、図1-7-1にフリーアクセスフロアの工事風景を示します。

### 表 1-7-1　フリーアクセスフロアの種類

|  |  | 支柱調整式<br>床仕上り面の水平およびがたつきの調整をするための支柱調整機能を有するもの | 置敷式<br>支柱調整機能を有せず、床仕上り面が床下地に倣うもの |
|---|---|---|---|
| 支柱固定タイプ | 支柱分離型<br>パネルを持ち上げた時、支柱等が建築物の床面に残るもの | | |
| 支柱非固定タイプ | 中実スチール<br>パネルを持ち上げた時、支柱等の支持体がパネル側に付いているもの | | |

出典：フリーアクセスフロア工業会ホームページ

### 表 1-7-2　フリーアクセスフロアの床パネルの材質

| スチール系 | 中空スチール | コア材なし |
|---|---|---|
|  | 中実スチール | 無機質・有機質等のコア材を充填 |
| コンクリート系 | 複合セメント系 | FRC　鉄筋コンクリート等 |
|  | けいカル系 | けい酸カルシウム板等 |
| アルミ系 | アルミダイカスト　アルミハニカム等 | |
| プラスチック系 | PP　PVC　PET　PC　ABS　FRP　BMC 等 | |
| その他 | 合板　パーチクルボード　繊維板等 | |

出典：フリーアクセスフロア工業会ホームページ

### 図 1-7-1　フリーアクセスフロアの工事風景

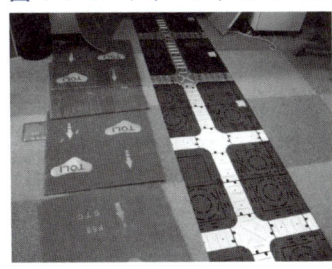
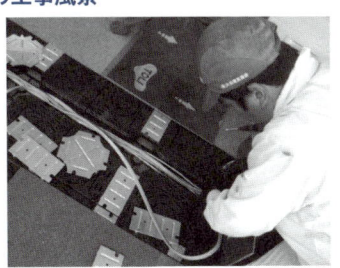

写真提供：株式会社大光電気商会

# 1-8 ライティングダクト工事

　給電レールを内蔵したライティングダクトレールを造営材に固定し、配線工事を行うのがライティングダクト工事です。ライティングダクトレールに対応した専用プラグの付いている照明器具を使うとレールのどの位置でもプラグを開口部に挿入して取り付けることができます。
　ライティングダクトレールは、照明器具以外の配線にも使われるので配線ダクトとよばれることもあります。

## ●ライティングダクトレールの取り付け方

　ライティングダクトレールの取り付け方には、天井や壁面にねじで直付したり、天井からハンガーとパイプ吊具を使って吊ったり、天井に埋込枠を使って埋め込んだりする等の方式があります。図1-8-1に直付、パイプ吊り、埋込の3種類のライティングダクトレールの取り付け方を示します。

**図 1-8-1　ライティングダクトレールの取り付け方**

●直付の場合

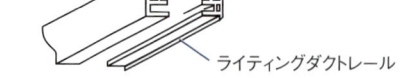

●パイプ吊りの場合
ライティングダクトレールとジョインタの他に、別売りのハンガーとパイプ吊具が必要。

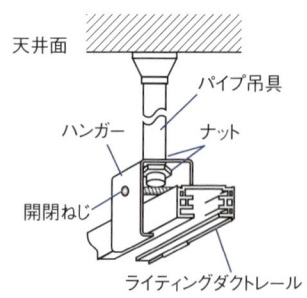

●埋込の場合
ライティングダクトレールとジョインタの他に、別売りの埋込枠が必要。
フィールドインキャップ、エンドキャップは埋込用を使用。

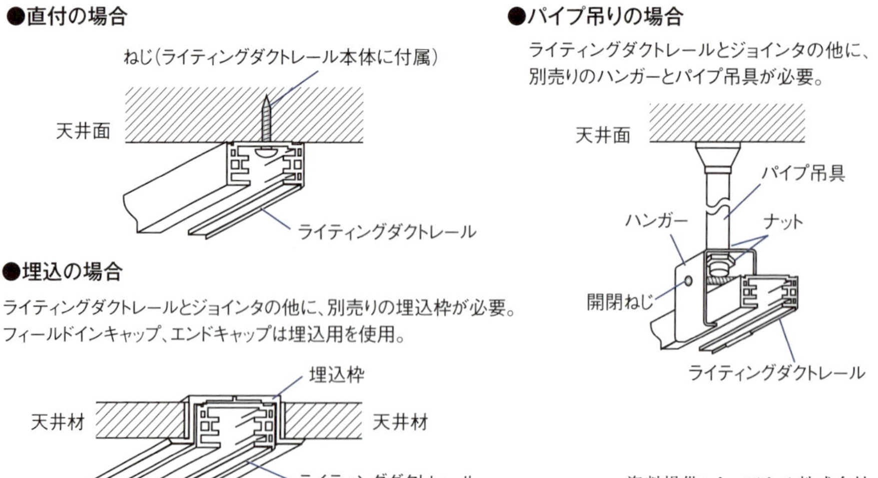

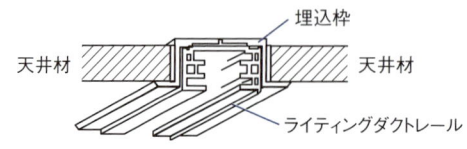

資料提供：オーデリック株式会社

ライティングダクトレールは、照明、美術工芸品や壁面の絵画、写真等のスポット照明等に広く使われるようになっています。また、乾燥した屋内の露出した場所と点検できる隠ぺい場所に施設できます。図1-8-2にライティングダクトレールを使った照明の例を示します。

### 図1-8-2　ライティングダクトレールを使った照明例

天井からの照明　　　店内の照明　　　　　ショウウィンドウの照明

ダイニングテーブルへの照明

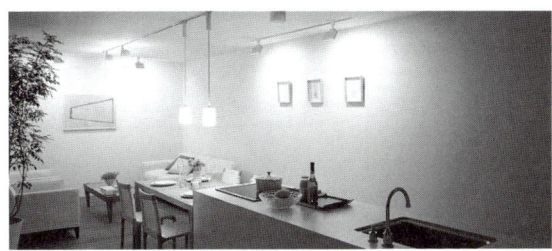

左写真提供：オーデリック株式会社

### ●ライティングダクト工事のPOINT

① 天井からパイプ吊りで施工するときは支持点の間隔を2m以下にします。
② ダクトの開口部の向きは、原則下向きにします。
③ 終端部は、エンドキャップ等を使って閉そくします。
④ 通常はD種接地をとることが必要ですが合成樹脂等で被覆されているか対地電圧が150V以下で長さが4m以下なら接地工事を省略することができます。
⑤ 造営材を貫通して取り付けるような施工はできません。

# ケーブル工事

　ビニル外装ケーブル、ポリエチレン外装ケーブル、クロロプレン外装ケーブル等の低圧用ケーブルを使用して支持固定や相互接続等の配線作業を行うのがケーブル工事です（3-2節参照）。

## ●ケーブルの施工

### 【造営材に沿わせて施工する場合】

　ケーブルは、ステップルやサドル（4-3節 82ページ参照）を使って造営材の側面や下方にしっかりと支持します。支持点間の距離は、施設の区分により異なり、表1-9-1に示す値になります。

#### 表 1-9-1　ケーブルの支持点間距離

| 施設の区分 | 支持点間の距離 |
| --- | --- |
| 造営材の側面または下面の水平方向に施設 | 1m 以下 |
| 人が触れるおそれのあるところに施設 | 1m 以下 |
| ケーブル相互、ボックスの接続箇所からの距離 | 0.3m 以下 |
| その他の場所に施設 | 2m 以下 |

### 【造営材に沿わせないで施工する場合】

・ケーブルラックを渡してその上にケーブルをころがす。
・角材を渡してステップルやサドルで支持する。
・メッセンジャワイヤを張ってバインド線で結びつけて張架する。
・吊りボルトを取り付けてケーブル支持具やバインド線でケーブルを支持する。
　等の方法があります。

## ●ケーブルの相互接続

### 【リングスリーブを使って接続する場合】

①リングスリーブには大、中、小の3種類があります（4-5節 86ページ参照）。
②リングスリーブ用圧着工具の適合する場所で加締して圧着します。
③リングスリーブから飛び出ている余分な電線をペンチで切り落とします。

(6-4節 116ページ参照)。
④絶縁テープを電線の絶縁被覆と同じ厚さ以上になるまで巻きつけて絶縁処理をします。
⑤リングスリーブ用絶縁キャップを被せて絶縁処理することもできます。

【差込型コネクタを使って接続する場合】
①差し込める本数は、2、3、4、5、6、8の6種類があります。
②差し込むことのできるのは直径が1.6mmと2.0mmの電線になります。
③電線の絶縁被覆を剥ぎとり、差し込む長さに切りそろえます。
④電線の銅線を差し込み、差し込み不足や飛び出しがないかを確認して完了です。

ジョイントボックスには、台座を造営材に固定しカバーを接続部に被せて台座に固定するタイプと、接続部に被せるだけのタイプがあります。また、端子付きジョイントボックスもあります。ジョイントボックスの外観を図1-9-1に、端子付きジョイントボックスを図1-9-2にそれぞれ示します。

図1-9-1　ジョイントボックス　　図1-9-2　端子付きジョイントボックス

写真提供：株式会社カワグチ

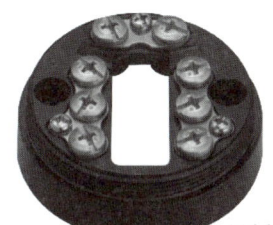
写真提供：明工商事株式会社

● ケーブル工事のPOINT
① 造営材の側面と下面にケーブルを沿わせる施工では支持点間隔を2m以下とします。詳細は表1-9-1に示す値になります。
② 接触防護措置をして造営材に垂直に施工するときには支持点間隔を6m以下とします。
③ ケーブルの相互接続はジョイントボックスやアウトレットボックス内で行います。
④ 接続部の絶縁確保には差込型コネクタやねじ込み型コネクタを使用します。
⑤ リングスリーブ使用の圧着接続では、絶縁テープを数回巻いて絶縁を確保します。
⑥ ケーブルを曲げて支持するときは屈曲半径をケーブル外径の6倍以上とります。
⑦ ケーブルをガス管、水道管、弱電流電線と触れないように支持します。

# 1-10 金属ダクト工事

　幅が5cmを超え、板厚が1.2mm以上の鉄板の金属ダクトを施設し、内部に多数の絶縁電線やケーブルを収容し、電線やケーブルを配線するのが金属ダクト工事です。ワイヤリングダクト、ケーブルダクト等ともよばれています。

　金属ダクトが施設できる場所は、展開または点検できる隠ぺいしたところの乾燥した場所に限られています。主に受変電設備から各分電盤への幹線の配線や工場内の工作機械等、電気設備装置類への配線等多数のケーブルの配線を要する用途に使われています。また、アパートやマンションの改修工事で各戸へ新規に幹線を引きなおすときの配線等にも使われています。

　金属ダクトの使用例を図1-10-1に示します。

## ●施工上の注意と金属ダクトの構造

　金属ダクトには溶融亜鉛メッキやステンレス等耐候性にすぐれた材料が使われており屋外の乾燥した場所にも施設されています。以下に施工上の注意を示します。

・ダクトの内部に塵埃が侵入し難い構造とし、終端部は閉そくする。
・ダクトの内部には突起等がないケーブルの外装を傷つけない構造とする。
・ダクト相互は電気的に完全に接続をとる。
・ダクトのフタは容易に外れないようにビス止めや蝶番止めにする。
・ダクト内部に水のたまるような低い部分を設けない構造とする。

　その他の金属ダクト工事のポイントを35ページに示します。

　直線ダクト、T型ダクト、L型ダクト、立ち上げダクト、立ち下げダクトが基本形状です。これらに各種角度のコーナダクト、継ぎダクト等をつなげて組み立てていきます。組立に便利ないろいろな金具が取り揃えられています。

　材質は、鉄板、リン酸塩処理済鋼板、ステンレス、アルミニウム、高耐食性めっき鋼板等から選択できます。

### 図 1-10-1　金属ダクトの使用例

改修工事で壁面に施設した金属ダクト

電力ケーブルを収納した金属ダクト

● 金属ダクト工事のPOINT

① ダクトに収容できる電線量をダクトの断面積の20％以下にします。
② 300V以下の電圧を扱うケーブルを乗せているときはダクトをD種接地します。
③ 300V以上の電圧を扱うケーブルを乗せているときはダクトをC種接地します。
④ ダクトの支持点間距離は水平支持で3m以下、垂直支持で6m以下とします。
⑤ ダクトを吊るときには幅が60mm以下の場合は直径9mm以上、60mm以上の場合は直径12mm以上の吊りボルトを使って支持します。
⑥ ダクトの終端は塵あいが侵入しにくいように閉そくします。
⑦ 金属ダクトのコーナー寸法は、収納するケーブル仕上がり外形の6倍以上とします。
⑧ 金属ダクトは湿気の多い場所には施工できません。

# 1-11 その他の電気工事

「電気設備の技術基準の解釈」に含まれているがいし引き工事、バスダクト工事、セルラダクト工事、平形保護層工事の電気工事について以下に説明します。

## ●がいし引き工事

がいしに電線を結束して配線するのががいし引き工事です。電線が露出しており、線間や造営材との絶縁の確保はがいしおよび空間の空気に依存しています。新規の工事ではほとんど使われなくなりましたが、店舗や和風旅館などとくにレトロ感を演出したい工事では現在も使われています。図1-11-1に天井に施工したがいし引き工事の例を示します。

**図 1-11-1　天井に施工した電灯のがいし引き工事**

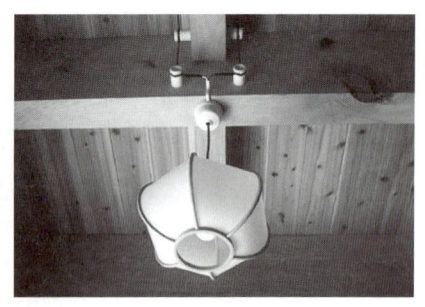

写真提供：
株式会社聖和電工

## ●バスダクト工事

　帯状の導体を絶縁して金属ダクトに収納したバスダクトを使って配電するのがバスダクト工事です。図1-11-2にバスダクト製品の例、図1-11-3にケーブルを使った集中型配電方式とバスダクトを使った分散型配電方式の比較を示します。

図 1-11-2　バスダクト製品の例

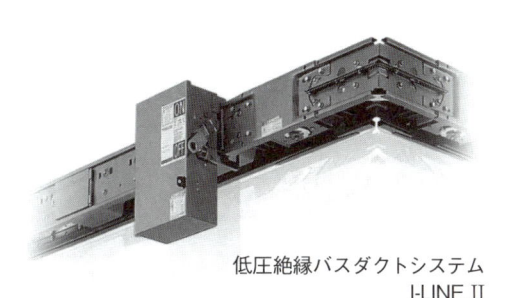

低圧絶縁バスダクトシステム
I-LINE II

資料提供：富士電機機器制御株式会社

図 1-11-3　配電方式の比較

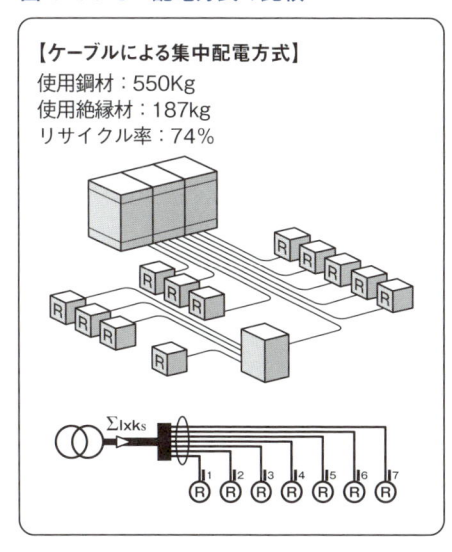

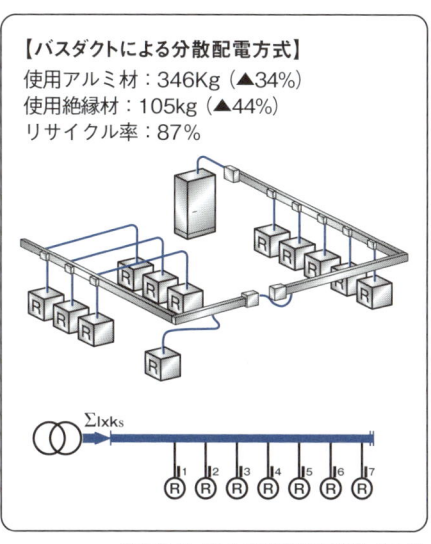

【ケーブルによる集中配電方式】
使用鋼材：550Kg
使用絶縁材：187kg
リサイクル率：74％

【バスダクトによる分散配電方式】
使用アルミ材：346Kg（▲34％）
使用絶縁材：105kg（▲44％）
リサイクル率：87％

資料提供：富士電機機器制御株式会社

## ●セルラダクト工事

　鉄骨建築の床に使われる波型のデッキプレートと底ぶたの間の空間をダクトに使って配線するのがセルラダクト工事です。施工できるのは屋内の点検できる隠ぺいされた乾燥している場所になります。図1-11-4にセルラダクトの構造と施工例を示します。

### 図 1-11-4　セルラダクトの構造と施工例

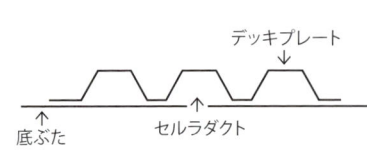

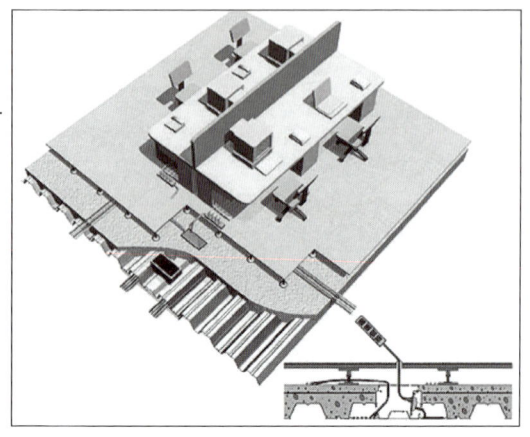

図版提供：JFE建材株式会社

### ●平形保護層工事

　カーペットの下や天井裏等の乾燥した点検できる隠ぺいした場所に絶縁体と導体の三層からなるフラット平形ケーブルを保護層のシールドテープで上下からサンドイッチして配線するのが平形保護層工事です。事務所や展示場のようなレイアウトの変更がよくある場所での配線変更への対応が容易にできます。図1-11-5にアンダーカーペット配線となる平形保護層工事の例を示します。

### 図 1-11-5　平形保護層工事の例

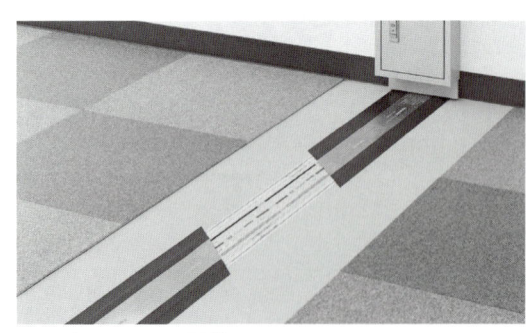

アンダーカーペット配線

タイルカーペットの下に施設したフラット平形ケーブルを使った平形保護層工事の例です。アンダーカーペット配線ともよばれています。

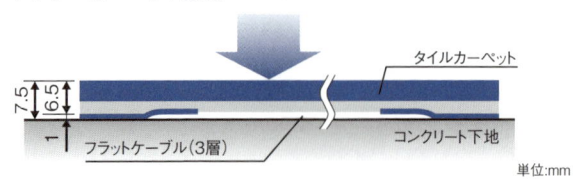

凹凸なし・厚さ1ミリの配線

写真提供：パナソニック株式会社エコソリューションズ社

第2章

# 屋外の電気工事

この章では、「電気設備の技術基準の解釈」に定められている
屋外電気工事を中心にして各工事のポイントを説明していきます。

# 2-1 引込工事

　電力会社の電線を電柱から建物へ引き込むのが引込工事です。引込工事の分担と設備保有の区分や引込工事のポイントについて説明します。

## ●引込工事の区分と分担

　電力会社の電柱から建物の外壁や引込柱（構内専用柱）の引込線取付点までの配線を架空引込線とよんでいます。引込線取付点から屋内の分電盤内の契約ブレーカまでの配線を引込口配線とよんでいます。

　また、引込線取付点から電力量計を通って引込口までの屋外の露出配線を屋側配線とよんでいます。引込線取付点までの工事は電力会社が行います。

**図2-1-1　引込工事の区分**

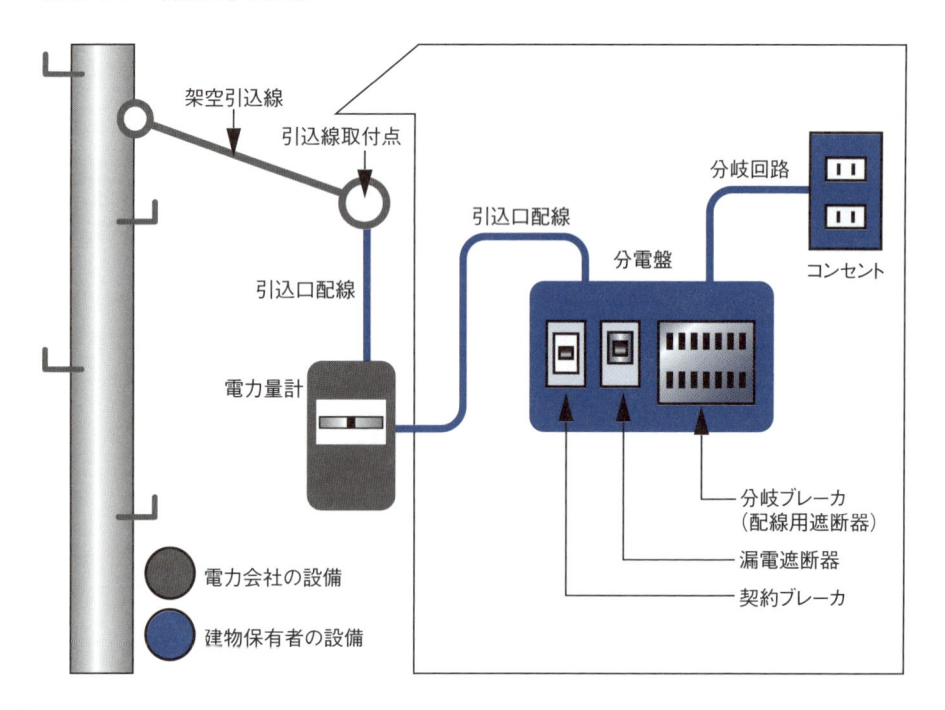

また、架空引込線の施設と電力量計と契約ブレーカの取り付けは電力会社の分担となります。電力量計と契約ブレーカは電力会社の所有となり、電力会社の負担で取り付けます。図2-1-1に引込工事の引込線から分電盤までの区分を示します。

架空引込線は、電柱と建物の間に張られた支持線に支持されて張力が直接かかって断線したりすることのないように施工されています。支持線は、両端の引留めがいしにより絶縁されています。支持線はメッセンジャワイヤともよばれています。

図2-1-2では、引留めがいしと補助支持物の写真を左側に、電柱より家屋に張られた架空引込線の施設例を右側にそれぞれ示します。

**図2-1-2 引留めがいしを使った支持線の施設例**

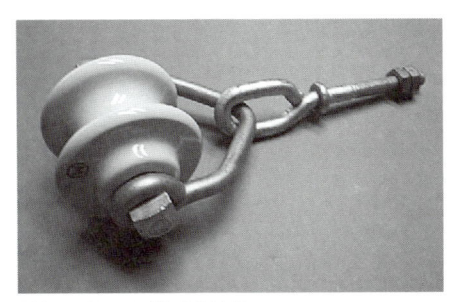

引留めがいしと補助支持物　写真提供：近畿総研

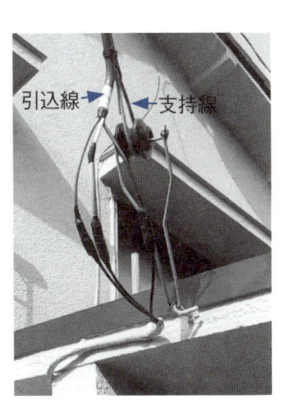

引込線　支持線

引込線と支持線

**図2-1-3 いろいろな配電用がいし**

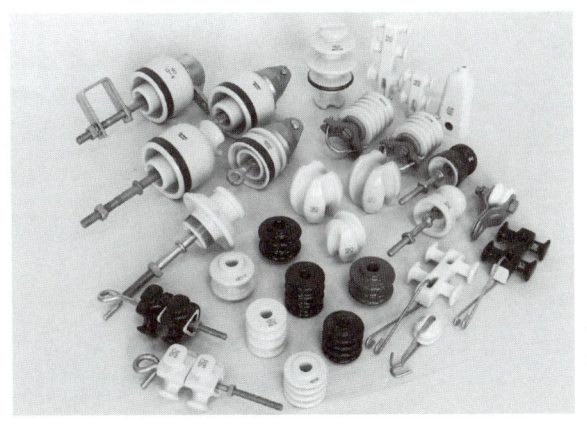

それぞれの場所・用途に適したがいしが使われています。

写真提供：カワソーテクセル株式会社

電柱から建物へ直接の引込では建物の外壁が引込線取付点になります。引込線は電力量計を経由して引込口から建物内の分電盤に向かいます（図2-1-4A）。

　需要家の敷地内に建てられた構内専用柱を経由しての引込では、柱が引込線取付点になります。構内専用柱に電力量計を取り付け、柱の中を通して地下から建物の中へ引き込まれ、分電盤へ向かうこともあります（図2-1-4B）。

**図2-1-4　架空引込線と引込線取付点の施設例**

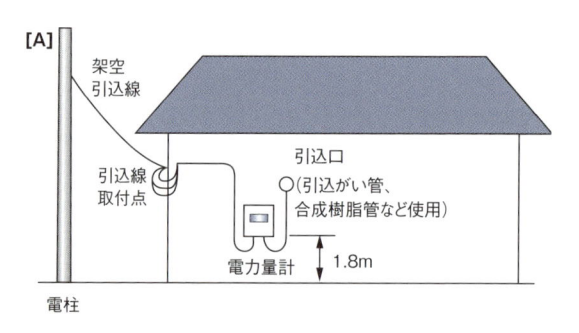

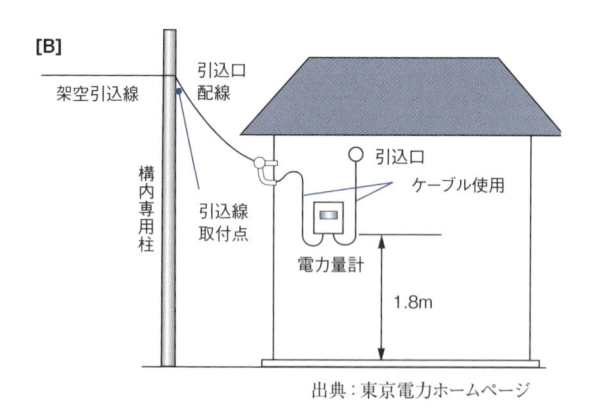

[A]
架空引込線
引込線取付点
引込口（引込がい管、合成樹脂管など使用）
電力量計
1.8m
電柱

[B]
架空引込線
引込口配線
引込線取付点
構内専用柱
引込口
ケーブル使用
電力量計
1.8m

出典：東京電力ホームページ

マンションに設置された構内専用柱の例

電力量計を取り付ける高さは、検針のときの読み取りやすさを考慮して0.8～1.8mとなっています。電力量計の配線は電源側が左側、負荷側が右側と決められています。電力量計の施設例と配線を図2-1-5に示します。

**図2-1-5　電力量計と電力量計の配線**

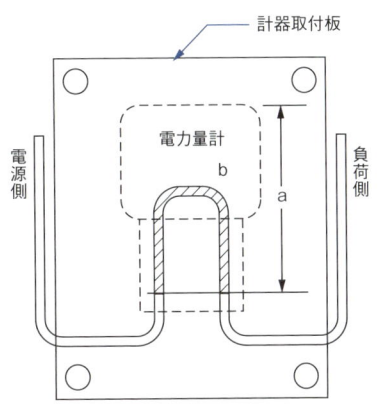

出典：東京電力ホームページ

　なお、図2-1-5右の図にあるa、bの詳細な値については以下のURLのP32、P33を参照してください。

http://www.tepco.co.jp/service/custom/koujiten/naisen/images/06-j.pdf

### ●引込工事のPOINT

① 家屋側の架空引込線の高さは原則4m以上になります。
② ただし技術上やむを得ない場合で交通に支障がない場合は2.5m以上にできます。
③ 建物の壁を貫通する引込口には引込がい管または合成樹脂管等の管を通します。
④ 管は屋外で下向きとなる勾配をつけて壁内へ雨水や虫等が侵入するのを防止します。
⑤ 引込口配線は電力量計への配線を除き原則2.5m以上の高さに施工します。
⑥ 電力量計は1.8mの高さに取り付け、左を電源側(引込線側)、右を負荷側(引込口側)に配線します。
⑦ 屋側配線は次の工事の中のいずれかを施設できます。
　　がいし引き工事：露出配線で直径2mm以上の軟銅線の電線を使い施設できます。
　　金属管工事：木造以外の造営物で途中にボックス類がない場合に施設できます。
　　合成樹脂管工事：途中にボックス類がない場合に一般に施設できます。
　　ケーブル工事：金属被覆のないケーブルで途中に接続点がない場合に施設できます。
⑧ 引込線取付点から建物までが離れている場合には架空電線路か地中電線路で施設します。

# 2-2 接地工事

## ●接地工事の種類

　地中に接地棒や接地板等の接地極を埋設し、接地極と接地線を接続し、接地線を電気機器の外箱や架台と接続し、電気的に大地とつなぐ工事が接地工事です。このように電気機器の外箱や架台と接地極をつなぐことを「接地する」とか「接地をとる」等とよんでいます。

　大地と接地極の間の抵抗値を接地抵抗値とよんでいます。接地抵抗値は第7章で説明する接地抵抗計を使って測定します。接地する機器の電圧によって確保しなければならない接地抵抗値や使う接地線の太さ等の接地工事の種類は、「電気設備の技術基準の解釈」に決められています。この接地工事の種類と接地抵抗値を表2-2-1に示します。詳細は、「電気設備の技術基準の解釈」第17条の「接地工事の種類及び施設方法」をご覧ください。

表2-2-1　接地工事の種類と接地抵抗値

| 接地工事の種類 | 接地抵抗値 | 接地線の太さ | 電圧の種別による機器 |
|---|---|---|---|
| A種接地工事 | 10Ω以下 | 直径2.6mm以上 | 高圧用または特別高圧用の機械器具の鉄台および金属製外箱 |
| B種接地工事 | 計算値* | 直径4mm以上 | 高圧または特別高圧の電路と低圧電路とを結合する変圧器の低圧側の中性点（中性点がない場合は低圧側の1端子） |
| C種接地工事 | 10Ω以下 | 直径1.6mm以上 | 低圧用機械器具の鉄台および金属製外箱（300Vを超えるもの） |
| D種接地工事 | 100Ω以下 | 直径1.6mm以上 | 低圧用機械器具の鉄台および金属製外箱（300V以下のもの。ただし、直流電路および150V以下の交流電路に設けるもので、乾燥した場所に設けるものを除く） |

＊計算値は、電気設備の技術基準の解釈　第17条表17-1によります。

　接地抵抗値を低くするためには、接地極と大地との間の電気的接触性をよくするために接地抵抗低減剤を埋設する接地極の周囲に注入します。図2-2-1に接地極と接地線と電気装置の接続の様子と接地極を埋設した周囲の様子を示します。

　また、接地極となる接地線の付いた接地棒とリード線付き接地板の例を図

2-2-2に示します。

**図 2-2-1　接地極の埋設の様子**

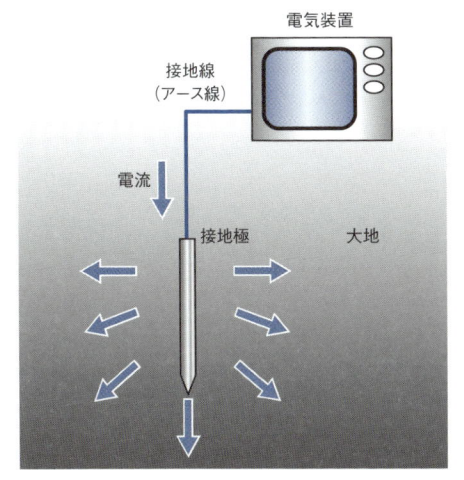

資料提供：日本地工株式会社

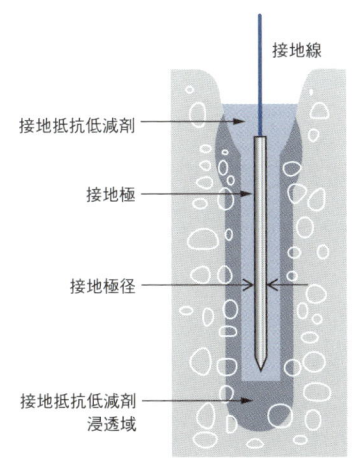

資料提供：日本地工株式会社

写真提供：有限会社奥津電工

**図 2-2-2　接地極の種類**

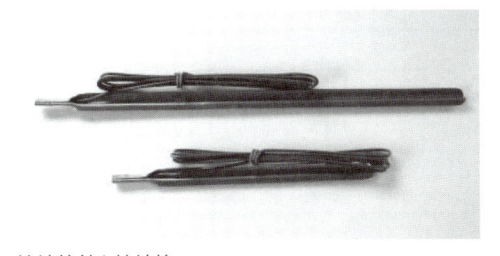

接地線付き接地棒
写真提供：株式会社サンワコーポレーション

リード線付き接地板
写真提供：朝日合金株式会社

また接地をとる目的には、次に示すようなものがあります。
①電気機器の外箱等の充電部に発生した電流を大地に流してしまうことにより、人体の一部が充電部に接触したときに感電事故になるのを防ぐため。
②異常電流やノイズ電流を大地に流して電気機器が誤動作したり、故障してしまうのを防ぐため。

## ●接地工事の種類と機器の接続

キュービクルとその低圧出力に接続されている電気設備の各種接地への接続例を図2-2-3に示します。
①高圧および特別高圧の電気設備の金属製外箱はA種接地に接続します。
　6600Vの高圧を取り込んでいるキュービクルはA種接地に接続します。
②高圧および特別高圧の電気設備内にある変圧器の低圧側の中性点はB種接地に接続します。
③100Vや200Vの低圧電気器具の金属製外箱はD種接地に接続します。

図2-2-3　接地工事の種類と設備や機器との接続

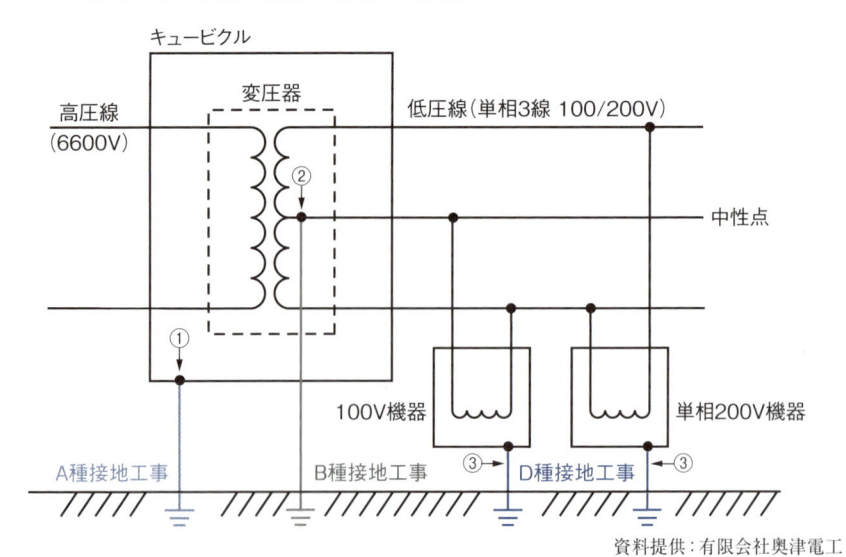

資料提供:有限会社奥津電工

コードの接地線に接続されている金属ケースに収納されているモータドリルがプラグの接地極と差し込まれるコンセントの接地極を通してD種接地につながり、D種接地がとられる経路を図2-2-4に示します。

### 図 2-2-4　接地極付プラグ、コンセントによる D 種接地

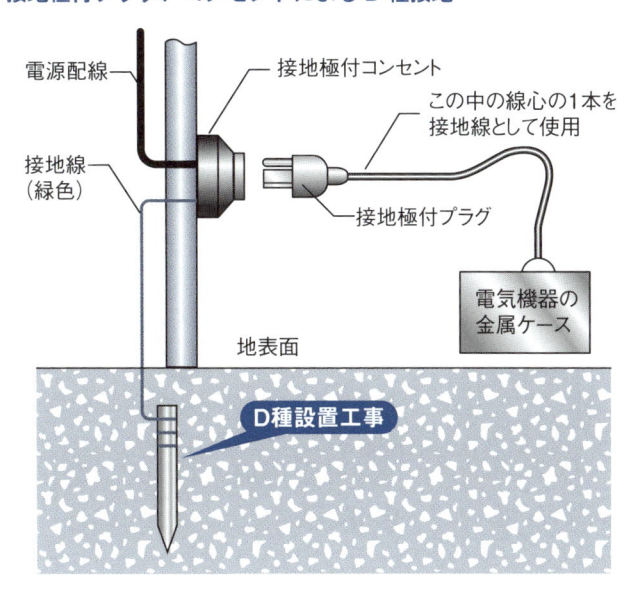

### ●接地工事のPOINT

① 建物の鉄骨を使う接地工事では接地抵抗値が2Ω以下の建物の鉄骨はA種、B種の接地極として使うことができます。
② 接地極と接地目的物を接続する接地線にはA種では直径2.6mm以上、B種では直径4mm以上、C種とD種では直径1.6mm以上の緑色をしたビニル被覆線を使用します。
③ 接地目的物と接続した接地線を損傷を受けるおそれがあるところを通すときには金属管や硬質ビニル管で保護をします。
④ 埋設する接地極には接地板と接地棒があります。接地抵抗値が規定値より高いときには埋設する土壌と接地極の間に接地抵抗低減剤を充填したり、補助極を設けたり、埋設場所を変更する等の接地抵抗低減策を実施します。

# 2-3 放電灯工事

## ●放電灯工事の種類と用途

広告看板等に使われているネオンサインに使われる放電灯のネオン管を設置し、ネオントランスの配線工事を行うのが放電灯工事です。ネオンサインに使われているさまざまな色を発光するネオントランスの最高電圧は15kVとなっています。また、2次短絡電流は20mAと決められています。これは2次側系に人間が触れた際に人体を流れる電流値40mAが一般的に生死の境目とされているのでその半分に規定しています。

図2-3-1 大阪道頓堀のネオンサイン

## ●コードサポートとチューブサポート

チューブ状をしたネオン管を固定するのに使うがいしがチューブサポートです。ネオン管やネオン変圧器へ配線するコードを固定するのに使うがいしがコードサポートです。コードサポートとチューブサポートのがいしを図2-3-2に示します。

図2-3-2 コードサポートとチューブサポート

コードサポート　チューブサポート

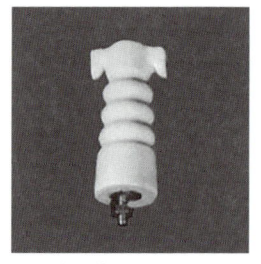

写真提供・株式会社浅田電機商会

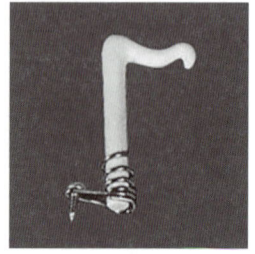

図2-3-3に電線とコードサポートの間にバインド線をかけて固定する手順とネオン管とチューブサポートの間にバインド線をかけて固定する手順を示します。

### 図 2-3-3　バインド線のかけかた

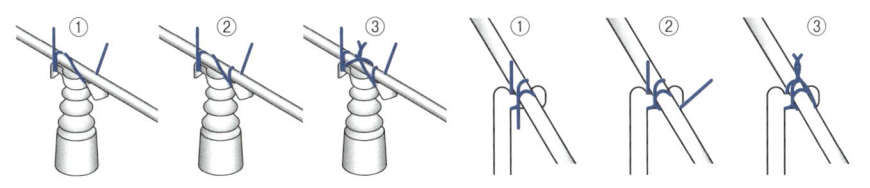

2次側配線のバインド線のかけかた　　　　ネオン管のバインド線のかけかた

資料提供：公益社団法人全日本ネオン協会

ネオン灯用変圧器には巻線式ネオン変圧器とインバータ回路を使った電子式ネオン変圧器があります。図2-3-4に巻線式ネオン変圧器とその設置例を示します。

### 図 2-3-4　ネオン変圧器の製品例と設置作業例

写真提供：レシップエスエルピー株式会社 　　　写真提供：有限会社ベル工芸社

#### ●放電灯工事のPOINT

① 展開した場所、または点検できる隠ぺいした場所でかつ簡易接触防護措置を施した場所にがいし引き工事で施設します。
② 電線にはネオン電線を使用します。
③ がいしは絶縁性と難燃性のあるものを使用します。
④ 電線の配線は、造営材の側面もしくは下面とし、支持点間は1m以下とします。
⑤ 電線相互の間隔は6cm以上とします。
⑥ 展開した場所で6000V以下の電線と造営材の離隔距離は2cm以上とします。
⑦ 点検できる隠ぺいした場所で6000V以下の電線と造営材の離隔距離は6cm以上とします。
⑧ 電線はコードサポートがいしにバインド線で巻きつけて支持します。
⑨ ネオン管はチューブサポートがいしにバインド線で巻きつけて支持します。
⑩ ネオン管の支持点間の距離は50cm以下とします。
⑪ ネオン灯用変圧器は簡易接触防護措置を施した場所に施設します。
⑫ ネオン灯用変圧器の外箱、金属電線管、金属の枠等はすべて必ずD種接地をとります。

# 2-4 地中埋設工事

　ケーブルを地中に埋設して配線するのが地中埋設工事です。地中埋設工事には直接埋設式、管路式、暗きょ式の3種類の方法があります。門灯、ガーデンライト、エアコンの室外機への配線から公園や市街地の街路灯等地上の空間から電線を排除したい場所で地中埋設による配線が広まってきています。

　地中のケーブルが受ける重量物の圧力の大きさで埋設の深さや施設する場所により埋設工事方式が違ってきます。

## ●地中埋設工事の方式

### ・直接埋設式

　土の中に直接ケーブルを埋設する方式です。地表からケーブルまでの土を土冠（どかむり）とよんでいます。土冠の深さは土面が受ける圧力により車両の圧力を受けない場所の60cm以上と、車両の圧力を受ける場所の1.2m以上に区分されています。ケーブルの上には石板やコンクリート板等を被せて施工し、上からケーブルにかかる圧力を軽減します。このときには超高圧以外（高圧、低圧）の配線ではトラフを省略することができます。

### ・暗きょ式

　暗きょを施設し、その中に電線やケーブルを収納して配線するのが暗きょ式です。

　電力用のケーブルや通信用ケーブル、光ファイバーケーブル等を収める暗きょを共同溝とよんでいます。共同溝には、歩道に施設される小型のガス管、水道管も収納する供給管共同溝（キャブ）と車道に施設される大型の幹線ケーブルや幹線水道管を収納する幹線共同溝があります。図2-4-2に地下に各種の共同溝が埋設されている様子を示します。

### ・管路式

　車両等の圧力に耐える埋設された管を通して配線する方式です。管には鉄筋コンクリート管、鉄管、強化プラスチック管等が使われています。配管の途中には配

線の接続作業や点検作業を行う場所としてマンホール(地中箱)が設けられます。そのほかに発熱を地上に排気する通風装置が設けられることがあります。

### 図2-4-1 地中埋設工事の種類

(a)典型的な直接埋設式
(b)暗きょ式
(c)管路式

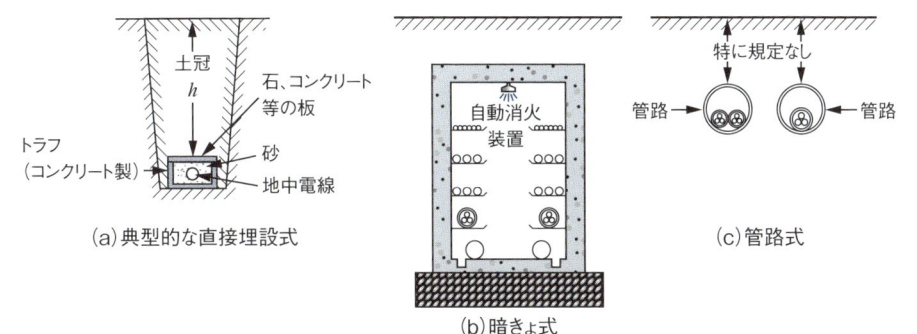

### 図2-4-2 幹線共同溝と供給管共同溝

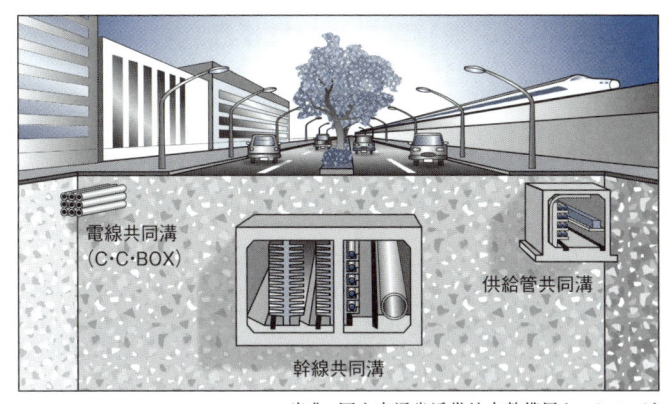

出典:国土交通省近畿地方整備局ホームページ

### ●地中埋設工事のPOINT

① 地中電線にはケーブルを使用します。
② 車等重量物の圧力を受ける場所の埋設深さは1.2m以上としコンクリートトラフ、鋼管、陶管等でケーブルを保護します。
③ 庭園の内等重量物の圧力を受けない場所では埋設深さを0.6m以上としケーブルを直接埋設することができます。またケーブルを保護する埋設ではCD管が使われます。
④ 門灯、庭園灯等の屋外灯への配線には専用の分岐回路を使うのが原則です。
⑤ 15A以下の漏電遮断器が付いている分岐回路では8m以下の屋外配線と屋内配線とを一緒に使うことができます。

# 2-5 鉄筋コンクリート埋設工事

　可とう電線管（CD管）、金属電線管、合成樹脂電線管等と電線接続用のボックス等を鉄筋コンクリートの中に埋め込み、管の中に電線やケーブルを通して配線工事を行うのが鉄筋コンクリート埋設工事です。
　柱や壁等の垂直方向に埋め込む工事が建込み工事です。床や天井等の水平方向に埋め込む工事がスラブ工事です。いずれの工事においても鉄筋コンクリートの強度を弱めないように生コンクリートが流れやすいように施工しておくことが重要です。

## ●鉄筋コンクリートへの埋設工事の作業手順

**【建込み配管工事】**
　建込み配管工事の作業手順と配線の中継に使うアウトレットボックスのスタットバーを使った固定方法について説明します。

・建込み配管工事の作業手順
①下から上に向って施設していくのが作業の基本です。
②壁配筋にアウトレットボックスをスタットバーで固定します。
③ボックスから埋設配管を内筋と外筋の間を通し、結束線で固定して立ち上げていきます。
④立ち上げた配管はスラブ配管でカップリングでつなぎこみができる状態にしておきます。
⑤立ち上げた配管の先端は異物が入らないようにガムテープで塞いでおきます。

・アウトレットボックスの固定方法
①スタットバーのスタット部分のツメを折り曲げてアウトレットボックスを固定します。
②アウトレットボックスを壁面に合わせてスタットバーのバーを鉄筋に結束します。
③アウトレットボックスの設置深さを鉄筋スペーサを使って調整します。

④コンクリートがボックス内に流れ込まないように開口部は塞いでおきます。
⑤アウトレットボックスの型枠への固定はスタットボルトを締め付けて行います。

スタットバーで中型四角アウトレットボックスを鉄筋に取り付け、CD管を配管した建込み配管の一例を図2-5-1に示します。中型四角アウトレットボックスは、現場ではヨンヨンボックス（4×4ボックス）とよばれています。中型四角アウトレットボックスを鉄筋への固定する方法を図2-5-2に示します。

### 図2-5-1　4×4ボックスを使った建込み配管の例

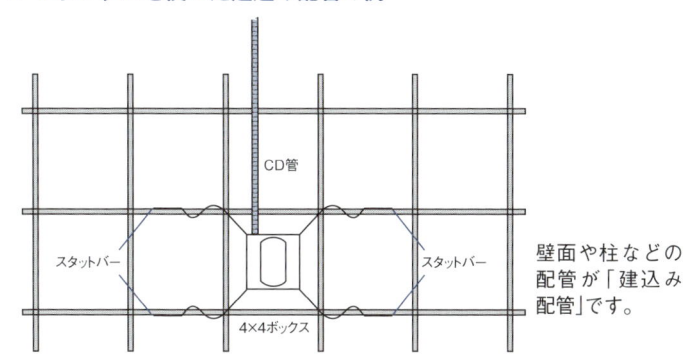

壁面や柱などの配管が「建込み配管」です。

### 図2-5-2　アウトレットボックスの固定手順

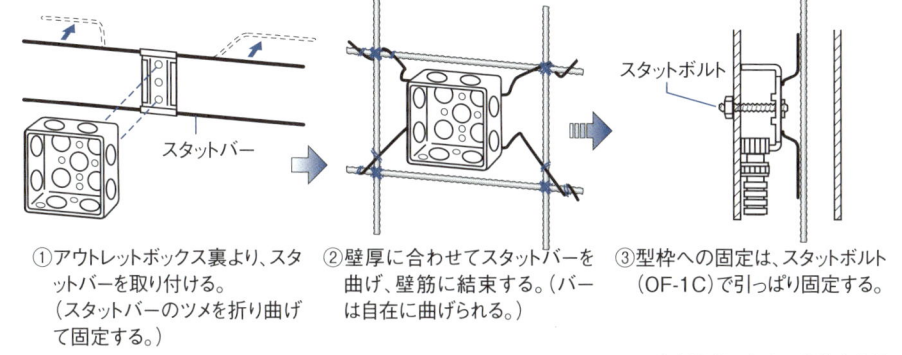

①アウトレットボックス裏より、スタットバーを取り付ける。（スタットバーのツメを折り曲げて固定する。）

②壁厚に合わせてスタットバーを曲げ、壁筋に結束する。（バーは自在に曲げられる。）

③型枠への固定は、スタットボルト（OF-1C）で引っぱり固定する。

資料提供：未来工業株式会社

## 【スラブ配管工事】

次にスラブ配管工事の作業手順と、管と管の中継に使う八角ボックスの固定方法を説明します。

・スラブ配管工事の作業手順

　施工のポイントは、コンクリート打設後の作業の流れや最終的な仕上げを念頭に置いて適切な施工を行うことです。
①八角ボックスは、必要な数のＣＤ管やＰＦ管用のコネクタを取り付け、下階の照明器具等と対応している取付位置に固定します。
②埋設配管の敷設を行い、その配管を鉄筋に結束線で固定していきます。
③建込み配管工事で立ち上げた配管は仮枠に接触しないようにスラブ筋の間を通し、カップリングを使用して八角ボックスに接続し、固定します。

・八角ボックスの固定方法

①図面上に示された取付位置をスラブ上に印を付けておきます。
②八角ボックスの耳の部分にノック穴が開いているのでこの穴に丸釘を打込んで固定します。

　スラブ配管では八角ボックスを使って電線の接続を行います。八角ボックスは現場では八角とよばれています。床面から壁面への配線があるときにはスラブ配管は途中から建込み配管になります。スラブ配管とカップリングを使って建込み配管と接続する例を図2-5-3に示します。

図 2-5-3　スラブ配管の一例

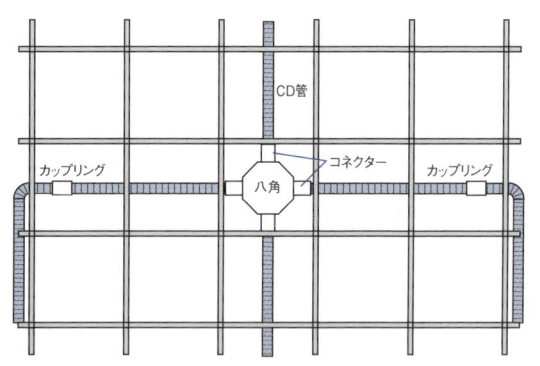

床や天井の中の配管が「スラブ配管」です。

●鉄筋コンクリート工事のPOINT

① ボックスの内部は、コンクリートが流れ込むようなすきまがないかを確認しておきます。
② 資材が置かれたりする前に躯体図面の通りに墨出し作業をしておきます。
③ スラブ鉄筋が上筋と下筋の二重配筋されているときには配筋の間に配管をします。
④ 管を平行に配管するときは、原則として間隔を30mm以上とります。
⑤ コンクリートの流れで管が倒れたりしないようにバインド線で鉄筋に結束します。
⑥ 電路用の配管はガス管や空調ダクトと接触しないように施工します。
⑦ 管の先端は、コンクリートやごみが入りこまないようにガムテープで塞いでおきます。

# 第3章

# 工事材料

この章では電気工事に使われる電線、ケーブル、電線管、可とう電線管、線ぴといった工事材料について説明していきます。

# 3-1 電線

　電線は、「強電流電気の伝送に使用する電気導体、絶縁物で被覆した電気導体または絶縁物で被覆した上を保護被覆で保護した電気導体をいう」と「電気設備の技術基準の解釈」に定義されています。導体材料が絶縁体である保護被覆に覆われているものが電線です。

　導体は一般的には、電気用軟銅線が用いられています。必要な電流値に応じて断面積を選択します。また半田付けの作業性向上や銅の酸化を防止する保護メッキ等の目的から、スズメッキや銀メッキ、ニッケルメッキ等が施されているものもあります。電線の細線化に対応して導体の強度を向上させるために導電率と強度を考慮した様々な合金線が開発されています。電線の導体には単線とより線があります。

## ●単線とより線

　単線とより線の構造や特長を表3-1-1に示します。

表3-1-1　単線の構造と特長

| 構造 | 単線 | より線 |
|---|---|---|
| 導体表示 | 直径寸法<br>φまたはmm | 断面積mm$^2$<br>※3.14×(半径)$^2$×本数 |
| 特長 | ・機械的衝撃に強い<br>・配線しやすい | ・柔らかく移動が容易<br>・加工しやすい |
| 使用例 | ・屋内配線 (VVF)<br>・チャイム配線 (TIVF) | ・電気製品の電源コード (VFF)<br>・スピーカーコード (VFF) |
| 電流 | ・1.6 mm ……15A<br>・2.0 mm ……20A<br>・2.6 mm ……30A | ・0.75 mm$^2$ (30芯) ……7A<br>・1.25 mm$^2$ (50芯) ……12A<br>・2.0 mm$^2$ (37芯) ……17A |

## ●絶縁被覆の種類と特長

電線やケーブルの絶縁被覆の材料には合成樹脂、ゴム、綿等があります。合成樹脂の代表がビニルです。なお、ビニルは、専門分野ではビニルと表記していますので本書ではビニルを主に使います。表3-1-2に絶縁被覆の種類と特長を、表3-1-3には電線の種類と構造を示します。。

### 表3-1-2 絶縁被覆の種類と連続最高使用温度

| 絶縁物 | 略号 | 連続最高使用温度 |
|---|---|---|
| 天然ゴム | NR | 60 |
| ビニル | PVC | 60 |
| ポリエチレン | PE | 75 |
| エチレンプロピレンゴム | EP | 80 |
| 耐熱ビニル | H-PVC | 80 |
| 架橋ポリエチレン | PEX | 90 |
| クロロスルホン化ポリエチレンゴム | CSM | 90 |
| シリコーンゴム | VMQ | 180 |
| テフロン | PTFE | 260 |

### 表3-1-3 電線の種類と構造

| 記号 | 読み | 構造 | 用途 | JIS |
|---|---|---|---|---|
| IV | インドア・ビニル | 【単線】【より線】 | 屋内配線用 / 最高許容温度60℃ | C 3307 |
| DV | ドロップワイア・ビニル | 【より合せ形】【平形】 | 屋外配線用 / 架空配電線 | C 3341 |
| OW | アウトドア・ウェザープルーフ | 硬銅線(太いものはより線) 塩化ビニル被覆 | 屋外配線用 / 架空配電線 | C 3340 |
| EM-IE | エコ・マテリアル-インドア・ポリエチレン | 硬銅線(太いものはより線) ポリエチレン | 屋内配線用 | C 3612 |
| RB | ラバー・コットンブレイデッド | 導体 ゴム 木綿編組 ゴム引布、紙テープ等 | 屋内配線用 / 最高許容温度75℃ | |

# 3-2 ケーブル

　導体に絶縁を施した複数本の絶縁電線を保護する「シース」とよばれている被覆（保護外被覆）を施した電線をケーブルとよびます。また電気を通す目的に加えて光や通信信号を送る線を束ねたものもケーブルとよんでいます。シースはケーブルの最も外側の被覆なので電線の絶縁体をさらに保護します。ケーブルを構成している素材や芯数が変わることによって許容電流が変ります。

## ●ケーブルの種類

　環境や用途に応じてケーブルの柔らかさや強さが変わります。シースの素材として天然ゴムやクロロプレンゴム（ネオプレン）、ビニル等があります。主なケーブルの種類と記号、構造、用途、対応するJIS規格を表3-2-1に示します。

## ●VVFケーブルとVVRケーブル

　屋内、屋外、地中用とあらゆるところで使われているVVFケーブルとVVRケーブルについて寸法、許容電流、シース上の表示等について紹介します。

・VVF ケーブル

　VVFケーブルとは、「Vinyl insulated Vinyl sheathed Flat-type cable」の頭文字をとったケーブルの名称で、平形をしたビニル絶縁ビニルシースケーブルです。図3-2-1左にVVFケーブルの構造表の例を示します。

・VVR ケーブル

　VVRケーブルとは、「Vinyl insulated Vinyl sheathed Round-type cable」の頭文字をとったケーブルの名称で、丸形をしたビニル絶縁ビニルシースケーブルです。図3-2-1右にVVRケーブルの構造表の例を示します。

### 表 3-2-1 ケーブルの種類と記号

| 記号 | 読み | 名称と構造 | 用途 | JIS |
|---|---|---|---|---|
| VVF | ビニル絶縁・ビニル外装・フラット | 600Vビニル絶縁 ビニル外装ケーブル平形 | 屋内、屋外、地中用 最高許容温度 60℃ | C 3342 |
| VVR | ビニル絶縁・ビニル外装・ラウンド | 600Vビニル絶縁 ビニル外装ケーブル丸形 | 屋内、屋外、地中用 最高許容温度 60℃ | C 3342 |
| EM−EEF | エコ・マテリアル | 600Vポリエチレンル 絶縁耐燃性ポリエチレン外装ケーブル平形 | 屋内、屋外、地中用 最高許容温度 75℃ | C 3605 |
| CV | クロスリンクド・ポリエチレン・ビニル | 600V架橋ポリエチレンル 絶縁ビニル外装ケーブル | 屋内、屋外用 最高許容温度 90℃ | C 3065 |
| CT | キャプタイヤ | キャプタイヤケーブル | 移動用ケーブル | C 3312 |
| VCT | ビニル・キャプタイヤ | ビニル・キャプタイヤケーブル | 移動用ケーブル | C 3312 |
| MI | ミネラル・インシュレーテッド | 無機絶縁ケーブル | 耐火配線用 最高許容温度 250℃ | |

3・工事材料

## 図 3-2-1　VVF ケーブルと VVR ケーブルの構造表の例

■ VVF ケーブルの構造表

| 線心数 | 導体径 (mm) | 仕上り外径 短径×長径 (約 mm) | 試験電圧 (V) | 絶縁抵抗 20℃ (MΩkm) 以上 | 許容電流 (空中配線周囲温度40℃) (A) | 1条の標準長さ (m) | 1条の概算質量 (kg) |
|---|---|---|---|---|---|---|---|
| 2心 | 1.6 | 6.2×9.4 | 1,500 | 50 | 18 | 100 | 9.5 |
|  | 2.0 | 6.6×10.5 | 1,500 | 50 | 23 | 100 | 12.5 |
|  | 2.6 | 7.6×12.5 | 1,500 | 50 | 32 | 100 | 19.0 |
| 3心 | 1.6 | 6.2×13.0 | 1,500 | 50 | 15 | 100 | 14.0 |
|  | 2.0 | 6.6×14.0 | 1,500 | 50 | 20 | 100 | 18.0 |
|  | 2.6 | 7.6×17.0 | 1,500 | 50 | 27 | 100 | 28.0 |

■ VVF ケーブル
住宅等の屋内配線に使用されるビニル絶縁ビニルシースの平形ケーブル。

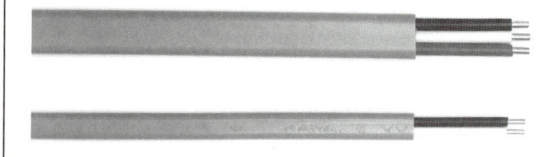

■ VVR ケーブル
住宅の引込口配線や工場の電力配線に使用されるビニル絶縁ビニルシースの丸形ケーブル。

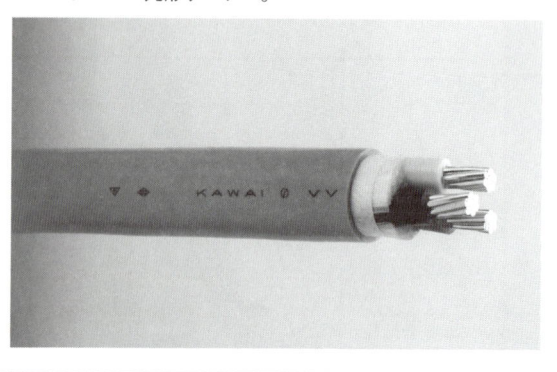

■ VVR ケーブルの構造表

| 線心数 | 公称断面積 (mm²) | 構成素線数/素線径 (mm) | 仕上り外径 (約 mm) | 試験電圧 (V) | 絶縁抵抗 20℃ (MΩkm) 以上 | 許容電流 (空中配線周囲温度40℃) (A) | 1条の標準長さ (m) | 概算質量 (kg/km) |
|---|---|---|---|---|---|---|---|---|
| 1 | 2.0 | 7/0.6 | 6.4 | 1,500 | 50 | 19 | 300 | 65 |
| 1 | 3.5 | 7/0.8 | 7.0 | 1,500 | 50 | 28 | 300 | 85 |
| 1 | 5.5 | 7/1.0 | 8.0 | 1,500 | 50 | 38 | 300 | 115 |
| 1 | 8 | 7/1.2 | 9.0 | 1,500 | 50 | 47 | 300 | 155 |
| 1 | 14 | 7/1.6 | 11.0 | 2,000 | 40 | 67 | 300 | 235 |
| 1 | 22 | 7/2.0 | 12.5 | 2,000 | 40 | 91 | 300 | 335 |
| 1 | 38 | 7/2.6 | 14.5 | 2,500 | 40 | 130 | 300 | 515 |
| 1 | 60 | 19/2.0 | 17.0 | 2,500 | 30 | 170 | 300 | 750 |
| 1 | 100 | 19/2.6 | 20.0 | 2,500 | 30 | 240 | 300 | 1,270 |
| 2 | 2.0 | 7/0.6 | 10.5 | 1,500 | 50 | 18 | 300 | 135 |
| 2 | 3.5 | 7/0.8 | 11.5 | 1,500 | 50 | 25 | 300 | 180 |
| 2 | 5.5 | 7/1.0 | 13.5 | 1,500 | 50 | 33 | 300 | 260 |
| 2 | 8 | 7/1.2 | 15.5 | 1,500 | 50 | 42 | 300 | 360 |
| 2 | 14 | 7/1.6 | 19.0 | 2,000 | 40 | 60 | 300 | 555 |
| 2 | 22 | 7/2.0 | 23.0 | 2,000 | 40 | 79 | 300 | 815 |
| 2 | 38 | 7/2.6 | 27.0 | 2,500 | 40 | 105 | 300 | 1,250 |
| 2 | 60 | 19/2.0 | 32.0 | 2,500 | 30 | 140 | 300 | 1,820 |
| 2 | 100 | 19/2.6 | 39.0 | 2,500 | 30 | 200 | 300 | 2,900 |
| 3 | 2.0 | 7/0.6 | 11.0 | 1,500 | 50 | 15 | 300 | 165 |
| 3 | 3.5 | 7/0.8 | 12.5 | 1,500 | 50 | 22 | 300 | 235 |
| 3 | 5.5 | 7/1.0 | 14.5 | 1,500 | 50 | 29 | 300 | 335 |
| 3 | 8 | 7/1.2 | 16.5 | 1,500 | 50 | 37 | 300 | 465 |
| 3 | 14 | 7/1.6 | 20.0 | 2,000 | 40 | 53 | 300 | 740 |
| 3 | 22 | 7/2.0 | 24.0 | 2,000 | 40 | 70 | 300 | 1,070 |
| 3 | 38 | 7/2.6 | 29.0 | 2,500 | 40 | 91 | 300 | 1,690 |
| 3 | 60 | 19/2.0 | 34.0 | 2,500 | 30 | 125 | 300 | 2,480 |
| 3 | 100 | 19/2.6 | 42.0 | 2,500 | 30 | 180 | 300 | 3,990 |
| 3 | 150 | 37/2.3 | 50.0 | 3,000 | 20 | 235 | 300 | 5,810 |
| 4 | 2.0 | 7/0.6 | 12.0 | 1,500 | 50 | 13 | 300 | 200 |
| 4 | 3.5 | 7/0.8 | 13.5 | 1,500 | 50 | 20 | 300 | 290 |
| 4 | 5.5 | 7/1.0 | 16.0 | 1,500 | 50 | 26 | 300 | 420 |
| 4 | 8 | 7/1.2 | 18.0 | 1,500 | 50 | 33 | 300 | 590 |
| 4 | 14 | 7/1.6 | 22.0 | 2,000 | 40 | 48 | 300 | 945 |
| 4 | 22 | 7/2.0 | 27.0 | 2,000 | 40 | 63 | 300 | 1,390 |
| 4 | 38 | 7/2.6 | 32.0 | 2,500 | 40 | 88 | 300 | 2,180 |
| 4 | 60 | 19/2.0 | 38.0 | 2,500 | 30 | 115 | 300 | 3,210 |
| 4 | 100 | 19/2.6 | 47.0 | 2,500 | 30 | 163 | 300 | 5,200 |

資料提供：カワイ電線株式会社

## 3-3 電線管

電線管には金属電線管と合成樹脂電線管があります。また、金属電線管には薄鋼電線管、厚鋼電線管、ねじなし電線管があり、1本の全長は3.66mあります。金属電線管で交流線を通線するときには、同一系統の電線は同じ管に収容して磁気的平衡を取ります。金属電線管は強度があり、たわみが小さいので支持間隔が2m以下となり、合成樹脂電線管の1.5m以下より長くなります。図3-3-1に金属電線管の外観を、表3-3-1に金属電線管の種類と記号を示します。金属製可とう電線管については、可とう電線管の節でとりあげます。

図3-3-1 金属電線管の外観

写真提供：
全国金属製電線管
附属品工業組合

表3-3-1 金属電線管の種類と記号

| 種類 | 記号 | 表記例 | JIS |
|---|---|---|---|
| 薄鋼電線管 | C | C19 | C 8305 |
| 厚鋼電線管 | G | G16 | C 8305 |
| ねじなし電線管 | E | E19 | C 8305 |
| 金属製可とう電線管 | － | － | C 8309 |

● 薄鋼電線管（C管）

肉薄の金属電線管なので屋内の配線に使われます。合成樹脂製の電線管よりは耐衝撃性があり、耐久性もあるので屋内露出配管に使われています。記号がCなのでC管ともよばれています。表3-3-2に薄鋼電線管の寸法および重量を示します。

表3-3-2 薄鋼電線管の寸法および重量　　溶融55％アルミニウム－亜鉛合金めっき

| 管の呼び方 | 外径(mm) | 外径の許容差(mm) | 近似厚さ(mm) | 近似内径(mm) | 単位質量(kg/m) | 1本概略質量(kg) | 有効ねじ部の長さ(mm) 最大 | 有効ねじ部の長さ(mm) 最小 |
|---|---|---|---|---|---|---|---|---|
| C19 | 19.1 | ±0.2 | 1.6 | 15.9 | 0.690 | 2.53 | 14 | 12 |
| C25 | 25.4 | ±0.2 | 1.6 | 22.2 | 0.939 | 3.44 | 17 | 15 |
| C31 | 31.8 | ±0.2 | 1.6 | 28.6 | 1.19 | 4.36 | 19 | 17 |
| C39 | 38.1 | ±0.2 | 1.6 | 34.9 | 1.44 | 5.27 | 21 | 19 |
| C51 | 50.8 | ±0.2 | 1.6 | 47.6 | 1.94 | 7.10 | 24 | 22 |
| C63 | 63.5 | ±0.35 | 2.0 | 59.5 | 3.03 | 11.1 | 27 | 25 |
| C75 | 76.2 | ±0.35 | 2.0 | 72.2 | 3.66 | 13.4 | 30 | 28 |

出典：丸一鋼管株式会社ホームページ

## ●厚鋼電線管（G管）

　溶融亜鉛メッキが管面に施されている肉厚な管で、耐候性があるので直射日光の当たる場所でも長期間メンテナンスが不要です。また耐腐食性も高いので排気ガスが充満している過酷な環境でもケーブル保護管として使うことができます。記号がGなのでG管ともよばれています。表3-3-3に厚鋼電線管の寸法および重量を示します。

### 表3-3-3　厚鋼電線管の寸法および重量　　溶融亜鉛めっき＜亜鉛付着量：300g/㎡以上＞

| 管の呼び方 | 外径(mm) | 外径の許容差(mm) | 近似厚さ(mm) | 近似内径(mm) | 単位質量(kg/m) | 1本概略質量(kg) | 有効ねじ部の長さ(mm) 最大 | 有効ねじ部の長さ(mm) 最小 |
|---|---|---|---|---|---|---|---|---|
| G16 | 21.0 | ±0.3 | 2.3 | 16.4 | 1.06 | 3.88 | 19 | 16 |
| G22 | 26.5 | ±0.3 | 2.3 | 21.9 | 1.37 | 5.01 | 22 | 19 |
| G28 | 33.3 | ±0.3 | 2.5 | 28.3 | 1.90 | 6.95 | 25 | 22 |
| G36 | 41.9 | ±0.3 | 2.5 | 36.9 | 2.43 | 8.89 | 28 | 25 |
| G42 | 47.8 | ±0.3 | 2.5 | 42.8 | 2.79 | 10.2 | 28 | 25 |
| G54 | 59.6 | ±0.3 | 2.8 | 54.0 | 3.92 | 14.3 | 32 | 28 |
| G70 | 75.2 | ±0.3 | 2.8 | 69.6 | 5.00 | 18.3 | 36 | 32 |
| G82 | 87.9 | ±0.3 | 2.8 | 82.3 | 5.88 | 21.5 | 40 | 36 |
| G92 | 100.7 | ±0.4 | 3.5 | 93.7 | 8.39 | 30.7 | 42 | 36 |
| G104 | 113.4 | ±0.4 | 3.5 | 106.4 | 9.48 | 34.7 | 45 | 39 |

出典：丸一鋼管株式会社ホームページ

## ●ねじなし電線管（E管）

　薄鋼電線管より肉薄な管でねじきりができないのでねじなし電線管とよばれています。同一の外径ではG管やC管より収容体積が大きくなるので収容できる電線の本数も少し多くなります。屋内露出場所や天井裏の配管に使われています。記号がEなのでE管ともよばれています。表3-3-4にねじなし電線管の寸法および重量を示します。

### 表3-3-4　ねじなし電線管の寸法および重量　溶融55％アルミニウムー亜鉛合金めっき以上＞

| 管の呼び方 | 外径(mm) | 外径の許容差(mm) | 近似厚さ(mm) | 近似内径(mm) | 単位質量(kg/m) | 1本概略質量(kg) |
|---|---|---|---|---|---|---|
| E19 | 19.1 | ±0.15 | 1.2 | 16.7 | 0.530 | 1.94 |
| E25 | 25.4 | ±0.15 | 1.2 | 23.0 | 0.716 | 2.62 |
| E31 | 31.8 | ±0.15 | 1.4 | 29.0 | 1.05 | 3.84 |
| E39 | 38.1 | ±0.15 | 1.4 | 35.3 | 1.27 | 4.65 |
| E51 | 50.8 | ±0.15 | 1.4 | 48.0 | 1.71 | 6.26 |
| E63 | 63.5 | ±0.25 | 1.6 | 60.3 | 2.44 | 8.93 |
| E75 | 76.2 | ±0.25 | 1.8 | 72.6 | 3.30 | 12.1 |

出典：丸一鋼管株式会社ホームページ

## ●合成樹脂電線管の種類

　電気工事用で電線やケーブルの保護に使われる全長4mの硬質塩化ビニル製の電線管が硬質塩化ビニル電線管です。記号がVEですのでVE管ともよばれています。耐衝撃性を高めた耐衝撃性硬質塩化ビニル電線管もあります。こちらはHIVE管ともよばれています。

　表3-3-5に合成樹脂電線管の種類を、図3-3-2に合成樹脂電線管と付属品の例を示します。可とう電線管については3-4節で説明します。合成樹脂管には管と管を接続するカップリング、中継に使うプルボックス、造営材への取付に使うサドル等多くの付属品があります。

表 3-3-5　合成樹脂電線管の種類

| 種　類 | 記　号 | 表　記 | JIS |
|---|---|---|---|
| 硬質塩化ビニル電線管 | VE | VE16 | C 8430 |
| 耐衝撃性硬質塩化ビニル電線管 | HIVE | HIVE16 | |
| 合成樹脂製可とう電線管 | PF<br>CD | PF16<br>CD16 | |

図 3-3-2　合成樹脂電線管と付属品の例

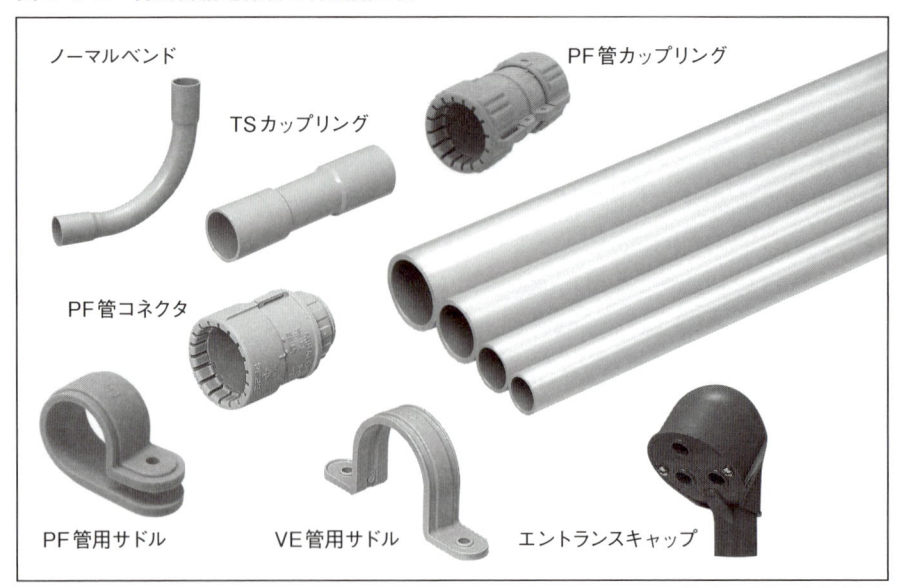

ノーマルベンド
TSカップリング
PF管カップリング
PF管コネクタ
PF管用サドル
VE管用サドル
エントランスキャップ

写真提供：未来工業株式会社

## ●VE管とHIVE管の寸法

　表3-3-6、3-3-7に硬質塩化ビニル電線管と耐衝撃性硬質塩化ビニル電線管の呼び径と外径、厚さの寸法を示します。

### 表3-3-6　硬質塩化ビニル電線管（VE管）の寸法

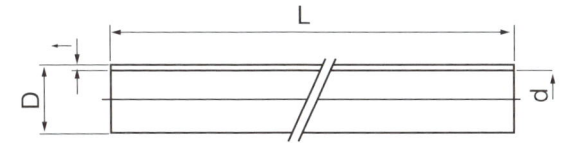

| 呼び径 | 外径 D 基本寸法 | 最大・最小外径の許容差 | 平均外径許容差 | 厚さ t 最小寸法 | 許容差 | 長さ L 基本寸法 | 許容差 | 近似内径 d | 参考質量 (kg/m) |
|---|---|---|---|---|---|---|---|---|---|
| 28 | 34.0 | ±0.30 | ±0.20 | 2.7 | ±0.6 | 4000 | ±10 | 28 | 0.418 |
| 36 | 42.0 | ±0.30 | ±0.20 | 3.1 | ±0.6 | 4000 | ±10 | 35 | 0.590 |
| 42 | 48.0 | ±0.30 | ±0.20 | 3.6 | ±0.6 | 4000 | ±10 | 40 | 0.773 |
| 54 | 60.0 | ±0.40 | ±0.20 | 4.1 | ±0.8 | 4000 | ±10 | 51 | 1.122 |
| 70 | 76.0 | ±0.50 | ±0.20 | 4.1 | ±0.8 | 4000 | ±10 | 67 | 1.445 |

### 表3-3-7　耐衝撃性硬質塩化ビニル電線管（HIVE管）の寸法

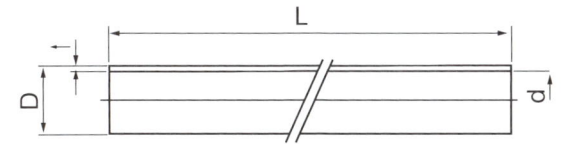

| 呼び径 | 外径 D 基本寸法 | 最大・最小外径の許容差 | 平均外径許容差 | 厚さ t 最小寸法 | 許容差 | 長さ L 基本寸法 | 許容差 | 近似内径 d | 参考質量 (kg/m) |
|---|---|---|---|---|---|---|---|---|---|
| 28 | 34.0 | ±0.30 | ±0.20 | 2.7 | ±0.6 | 4000 | ±10 | 28 | 0.409 |
| 36 | 42.0 | ±0.30 | ±0.20 | 3.1 | ±0.6 | 4000 | ±10 | 35 | 0.577 |
| 42 | 48.0 | ±0.30 | ±0.20 | 3.6 | ±0.6 | 4000 | ±10 | 40 | 0.756 |
| 54 | 60.0 | ±0.40 | ±0.20 | 4.1 | ±0.8 | 4000 | ±10 | 51 | 1.098 |
| 70 | 76.0 | ±0.50 | ±0.20 | 4.1 | ±0.8 | 4000 | ±10 | 67 | 1.415 |

# 3-4 可とう電線管

　管と管、管とボックスの接続、配電盤等の設備に沿って、配管等現場の状況に対応し曲線を持たせて柔軟に施工することのできる可とう性を持っているのが可とう電線管です。合成樹脂製と金属製の可とう電線管があります。合成樹脂製可とう電線管も金属製可とう電線管もナイフを使って手際よく現場で切断できるので作業性も良好です。

## ●合成樹脂製可とう電線管

　図3-4-1に合成樹脂製可とう電線管の分類を示します。PF管は自己消火性があるので露出配線に使われます。CD管は自己消火性がないのでコンクリートの埋め込み配管に使われています。収納する電線の太さと本数から管の太さを求める基準を表3-4-1に示します。

**図3-4-1　合成樹脂製可とう電線管の分類**

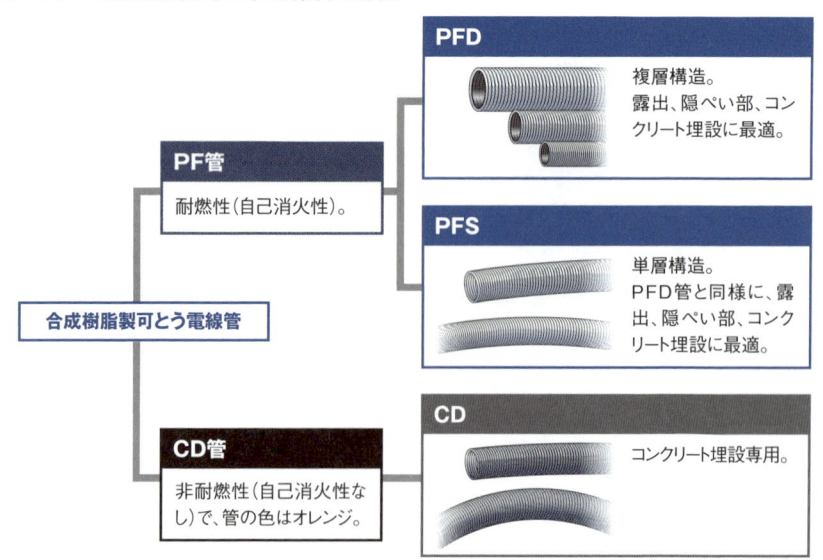

合成樹脂製可とう電線管
- PF管　耐燃性（自己消火性）。
  - PFD：複層構造。露出、隠ぺい部、コンクリート埋設に最適。
  - PFS：単層構造。PFD管と同様に、露出、隠ぺい部、コンクリート埋設に最適。
- CD管　非耐燃性（自己消火性なし）で、管の色はオレンジ。
  - CD：コンクリート埋設専用。

出典：合成樹脂製可とう電線管工業会ホームページ

### 表3-4-1　合成樹脂製可とう電線管の選定

| 電線太さ ||| 電線本数 |||||||||||
| 単線(mm) | より線(mm²) | 1 | 2 | 3 | 4 | 5 | 6 | 7 | 8 | 9 | 10 |
|---|---|---|---|---|---|---|---|---|---|---|---|
|  |  | | CD管およびPF管の最小サイズ（管のよび方） ||||||||||
| 1.6 |  | 14 | 14 | 14 | 14 | 16 | 16 | 22 | 22 | 22 | 22 |
| 2.0 |  | 14 | 14 | 14 | 16 | 22 | 22 | 22 | 22 | 22 | 28 |
| 2.6 | 5.5 | 14 | 16 | 16 | 22 | 22 | 22 | 28 | 28 | 28 |  |
| 3.2 | 8 | 14 | 22 | 22 | 22 | 28 | 28 | 28 |  |  |  |
|  | 14 | 14 | 22 | 28 | 28 |  |  |  |  |  |  |
|  | 22 | 16 | 28 |  |  |  |  |  |  |  |  |
|  | 38 | 22 |  |  |  |  |  |  |  |  |  |
|  | 60 | 22 |  |  |  |  |  |  |  |  |  |
|  | 100 | 28 |  |  |  |  |  |  |  |  |  |

※出典は内線規程による

　可とう電線管は支持間隔を大きくとり過ぎるとたわみが大きくなり、電線・ケーブルの入線が困難になります。また、たわみが大きいと施工の見栄えが悪くなりますので支持間隔を1m以下としています。

・**PF管（Plastic Flexible conduit）**

　耐燃性のある合成樹脂製の可とう管です。単層構造のPFSと複層構造のPFDがあります。図3-4-2、表3-4-2にPF管の外観と寸法を示します。

### 図3-4-2　PF管の外観

写真提供：古河電気工業株式会社

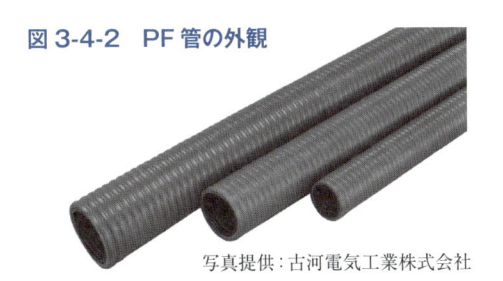

### 表3-4-2　PF管の寸法

| 品番 | 内径(d)(mm) | 外径(D)(mm) | 長さ/把(m) | 把の大きさ(約mm) 内径 | 把の大きさ(約mm) 外径 | 把の大きさ(約mm) 幅 | 質量/把(約kg) |
|---|---|---|---|---|---|---|---|
| PFD-16 | 16 | 23.0 | 50 | 420 | 590 | 215 | 9 |
| PFD-22 | 22 | 30.5 | 50 | 420 | 640 | 270 | 15 |
| PFD-28 | 28 | 36.5 | 30 | 420 | 620 | 260 | 10 |
| PFD-36 | 35 | 45.5 | 20 | 420 | 660 | 220 | 11 |

出典：古河電気工業株式会社ホームページ

・CD 管(Combined Duct)

耐燃性のない合成樹脂製の可とう管です。オレンジ色に着色されているのでPF管と区別が容易にできます。図3-4-3、表3-4-3にCD管の外観と寸法を示します。

図 3-4-3　CD 管の外観

写真提供：古河電気工業株式会社

表 3-4-3　CD 管の寸法

| 品番 | 内径(d)<br>(mm) | 外径(D)<br>(mm) | 長さ/把<br>(m) | 把の大きさ(約mm) | | | 質量/把<br>(約kg) |
| --- | --- | --- | --- | --- | --- | --- | --- |
| | | | | 内径 | 外径 | 幅 | |
| CD-14 | 14 | 19 | 50 | 420 | 555 | 180 | 4 |
| CD-16 | 16 | 21 | 50 | 420 | 570 | 195 | 4 |
| CD-22 | 22 | 27.5 | 50 | 420 | 620 | 245 | 6 |
| CD-28 | 27 | 34 | 30 | 420 | 600 | 240 | 5 |
| CD-36 | 35 | 42 | 30 | 420 | 650 | 290 | 6 |

出典：古河電気工業株式会社ホームページ

● 金属製可とう電線管

PF管、CD管に比べ使用温度範囲が広く、耐候性が高いのが金属製可とう電線管です。現在の金属製可とう電線管は、以前のJIS C 8309金属製可とう電線管では二種金属製可とう電線管といわれていました。1999年4月にJIS規格が改定され板厚の厚い螺旋構造の一種金属製可とう電線管は廃止になりました。現在のJIS C 8309では一種、二種の区別はなくなり、名称も「金属製可とう電線管」に統一されています。ただし、電気用品安全法ではいまでも一種、二種の区別があります。表3-4-4に金属製可とう電線管（プリカチューブ）の種類を示します。

金属製可とう電線管の切断にはプリカナイフを使用します。プリカチューブを管軸に直角に切断し、プリカナイフで切断面のバリを切り落とします。

### 表 3-4-4　金属製可とう電線管（プリカチューブ）の種類

| 品名 | 特長／内容 | 材質／色 | 使用温度範囲 |
|---|---|---|---|
| 標準品プリカ（非防水）<br>PZ | ・JIS C 8309 に適合する金属製可とう電線管<br>・屋内配線用 | 外層：亜鉛めっき鋼帯<br>中間層：鋼帯<br>内層：耐水紙<br><br>亜鉛めっき帯鋼<br>帯鋼<br>耐水紙 | −40℃〜<br>105℃ |
| 標準防水プリカ<br>PV | ・JIS C 8309 に適合するビニル被覆金属可とう電線管<br>・標準（耐候）ビニル被覆<br>・屋外用 | 被覆層：PVC<br>外層：亜鉛めっき鋼帯<br>中間層：鋼帯<br>内層：耐水紙<br><br>塩化ビニル<br>亜鉛めっき帯鋼<br>帯鋼<br>耐水紙 | −20℃〜<br>60℃ |
| 耐候／耐寒防水プリカ<br>PE | ・JIS C 8309 に適合するビニル被覆金属製可とう電線管<br>・耐候／耐寒ビニル被覆<br>・屋外用 | | −40℃〜<br>60℃ |

出典：株式会社三桂製作所ホームページ

# 3-5 線ぴ

　電線やケーブルを保護して収納するのが線ぴです。「ぴ」は漢字の「樋」の読みからきており、収納する容器といった意味合いです。メタルモールやレースウェイとよばれることが多く、電気工事に使える線ぴは、幅5cm以下で材質は金属になります。

## ●合成樹脂線ぴ

　「電気設備の技術基準の解釈」が2011年に改正され、電気用品安全法から合成樹脂線ぴが削除されたので電気工事には使えなくなりました。それにともない内線規程も改定され、合成樹脂線ぴ配線は削除されました。そこで合成樹脂線ぴは、通信用ケーブルやアンテナケーブル等の配線の美観を保ち保護するため等の電気工事以外の用途になります。図3-5-1に合成樹脂線ぴを示します。

図 3-5-1　合成樹脂線ぴ

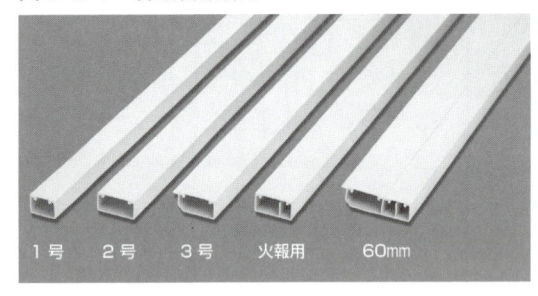

1号　2号　3号　火報用　60mm

写真提供：マサル工業株式会社

## ●一種金属製線ぴ

　一種金属製線ぴに区分されている全長2mのメタルモールは、事務所等でコンセントや電話のアウトレットを設置する場合に、壁面露出で配線やケーブルを立ち下げるときに切断して使われています。新築物件では壁内に多くの配線が隠ぺいされてしまうため一種金属製線ぴを目にすることがありません。しかし、レイアウト変更や改築で照明器具の位置が変更になり、スイッチの場所も変更が必要になると一種金属製線ぴを使ったメタルモール工事を行うことになります。図3-5-2に一種金属製線ぴと、一種金属製線ぴを使ったスイッチの施工例を示します。

### 図 3-5-2 一種金属製線ぴと施工の例

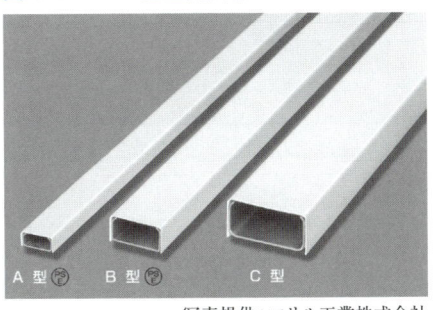

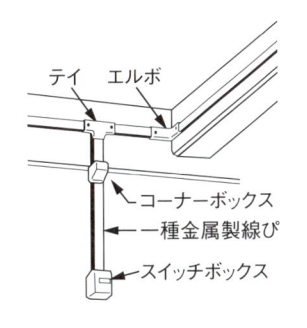

写真提供：マサル工業株式会社

## ●メタルモールの仕様

メタルモールには一種金属製線ぴに区分されるA型とB型、金属ダクトに区分されるC型があります。A型は200 mm$^2$、B型は580 mm$^2$、C型は1,200 mm$^2$の断面積を持っています。電線は断面積の20％まで電線を収容可能です。表3-5-1、3-5-2に形状寸法と収容本数を示します。ただし、C型のメタルモールは幅が60 mmなので線ぴの区分ではなくダクトの取扱いになります。

### 表 3-5-1 メタルモールの形状寸法

| 種類 | 寸法(mm) | 関連法規 | ㋛マークについて |
|---|---|---|---|
| A型 | 25.4 × 11.5 | ・電気用品安全法の特定電気用品以外の電気用品（旧乙種電気用品）に適合し、該当品には㋛マークの表示をしています。<br>・電気用品の技術上の基準を定める省令の一種金属製線ぴに適合しています。 | ㋛マーク表示のある製品は、JET［(財)電気安全環境研究所］の安全試験・検査に合格した製品です。 |
| B型 | 40.4 × 20 | | |
| C型 | 60 × 30 | ・「電気設備の技術基準の解釈」の金属ダクト工事に適合する金属ダクトです。 | |

出典：ネグロス電工株式会社ホームページ

表 3-5-2　600V ビニル絶縁電線および VVF ケーブルの収容最大本数

| 工事の種類 | 一種金属線ぴ工事 | | 金属ダクト工事 |
|---|---|---|---|
| 600V ビニル絶縁電線 | A 型 | B 型 | C 型 |
| 1.6 mm | 4 | 10 | 32 |
| 2.0 mm | 3 | 10 | 25 |
| 2.6 mm | 2 | 7 | 15 |
| 3.2 mm | − | 4 | 10 |
| 5.5 mm$^2$ | 2 | 5 | 13 |
| 8.0 mm$^2$ | − | 4 | 9 |
| 14 mm$^2$ | − | 2 | 5 |
| 22 mm$^2$ | − | − | 3 |

| 工事の種類 | ケーブル工事 | | |
|---|---|---|---|
| VVF ケーブル | A 型 | B 型 | C 型 |
| 1.6×2C | 2 | 6 | 14 |
| 1.6×3C | 1 | 4 | 10 |
| 2.0×2C | 2 | 5 | 12 |
| 2.0×3C | 1 | 4 | 10 |

出典：ネグロス電工株式会社ホームページ

## ●二種金属製線ぴ

　地下駐車場や倉庫等の天井から吊ボルトで吊り下げて施工され、照明器具の取り付けや電気供給の機能を持っている二種金属製線ぴがレースウェイです。図3-5-3に示すように照明器具を一直線にそろえて設置することができます。

図 3-5-3　レースウェイとレースウェイを使った照明器具の設置例

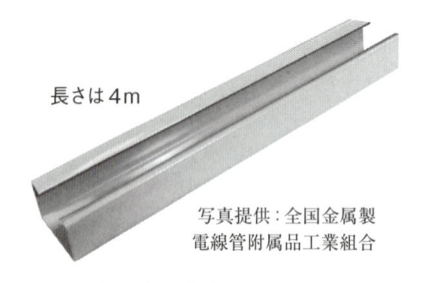

長さは4m

写真提供：全国金属製電線管附属品工業組合

図 3-5-4　レースウェイの寸法

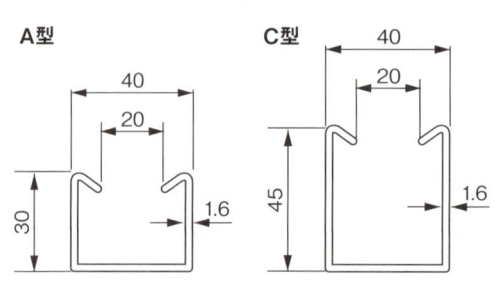

A型　　　　　　　　C型

### 表 3-5-3　金属製線ぴの比較

| | 金属線ぴ ||
|---|---|---|
| | 一種金属製線ぴ | 二種金属製線ぴ |
| 型式 | A 型、B 型 | A 型、B 型、C 型、D 型、E 型、F 型 |
| 通称 | メタルモール | レースウェイ |
| 幅 | 5cm 以下 ||
| 接地 | D 種 ||
| 収容率 | 断面積の 20 ％以下（一種は電線 10 本以下） ||
| 用途 | 増設や改修時の配線保護 | 照明器具の取り付けと配線保護 |
| 施設場所 | 建物内部の壁面、天井等 | 工場、倉庫、屋内駐車場や駅のプラットホーム等 |
| 適合規格 | 電気用品安全法 ||
| 適合工事 | 電気設備の技術基準の解釈　第161条、第164条 ||

## Column
## 電気の基本単位

電気の基本的な単位とその由来を以下に示します。

| | |
|---|---|
| A（アンペア） | A は、電流（電気の流れる量）の単位です。アンペアは、フランスの物理学者アンペール（1775～1836）からきています。 |
| V（ボルト） | V は、電圧（電気を流す力）の単位です。日本の一般家庭では 100V か 200V が使われています。ボルトは、イタリアの物理学者ボルタ（1745～1827）からきています。 |
| W（ワット） | W は、電力（電気が 1 秒間にする仕事の量）の単位です。電力は電流と電圧の掛け算で求まります。ワットは、蒸気機関車の発明者・イギリスのワット（1736～1819）からきています。 |
| Wh（ワットアワー） | Wh は、電力量（電気が 1 時間にする仕事の量）の単位です。電力会社と取引きする電力量の単位には kWh（キロワットアワー）が使われています。1kWh＝1,000Wh になります。 |
| Hz（ヘルツ） | Hz は、交流の繰り返し周期数（1 秒間に繰り返される波の数）の単位です。日本では、東日本が 50Hz、西日本が 60Hz です。ヘルツは、ドイツの物理学者ヘルツ（1857～1894）からきています。 |

3・工事材料

## 3-6 ダクトとケーブルラック

　一般に5cm以上の幅を持った、電線やケーブルを収納し保護するためのカバーを「ダクト」とよんでいます。業種や分野によっては5cm以下の幅でもダクトとよばれているものもあります。合成樹脂製と金属製があります。

### ●配線ダクト

　配電盤、制御盤等で電線の束を収容し、配線位置で電線を分岐させるための電線取出孔が規則的に配列されているのが合成樹脂製の配線ダクトです。配線作業が終わった後に蓋を取り付けます。図3-6-1に配線ダクトの製品例を示します。

**図3-6-1　配線ダクト製品の例**

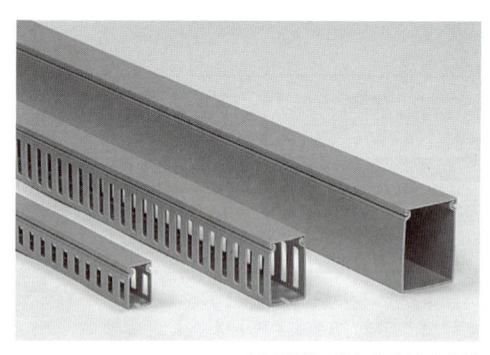

写真提供：興和化成株式会社

### ●ライティングダクトレール

　電気配線の導体レールが内部に収納されていて、照明器具やコンセントを自由に配置して取り付けできるのがライティングダクトです。長さが1mから4mまでホワイト、ブラック、シルバー等の色をした多くの製品があるので環境に対応した施工ができます。

#### 図 3-6-2　ライティングダクトレールと施工例

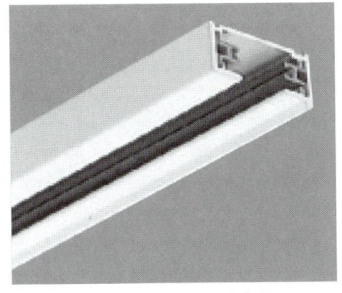

写真上提供：オーデリック株式会社

### ●金属製ダクト

　工場やビル等で大量の配線を収納、保護するのが金属製ダクトです。現場に合わせて設計製作するオーダー品の例を図3-6-3に示します。

#### 図 3-6-3　オーダーの金属製ダクトの例

### ●ケーブルラック

　ケーブルラックは、分電盤や配電盤から出る大量のケーブルをラックの上に乗せて敷設するためにも使用されています。鉄道のプラットホームやトンネルで天井を見上げると図3-6-4のように多くのケーブルや電線がケーブルラックに乗せられて走り回っている姿をよく見かけます。また、電気室や機械室等から上下階への渡り部分、分電盤や動力制御盤の立ち上り、ケーブル配線が特に集中する場所等でも使われています。

　幅の広い幹線用のラックから幅の狭い支線用のラックまで各種サイズのケーブルラックが用意されています。

図3-6-4　ケーブルラックの使用例

写真下：横浜ベイブリッジの施工例
　　写真提供：カナフジ電工株式会社

・ケーブルラックの構成と材質

　縦の親桁と親桁間にわたした子桁から構成された、はしごの形をしているのがケーブルラックの基本形状です（図3-6-5）。材質には鋼製、ステンレス製、アルミ製等の金属製とFRP等の合成樹脂製があります。

図3-6-5　はしご形ラック

写真提供：全国金属製電線管附属品工業組合

・立ち上り施工用ケーブルラック

　ケーブルを配電盤の上面より立ち上げて施工したり、階をまたいで施工するときに使うケーブルラックです。図3-6-6に示すのは両面に施工できる立ち上り施工用ケーブルラックです。

図3-6-6　立ち上り施工用両面ラックの例

写真提供：ネグロス電工株式会社

# 第4章

# 工事部品

この章では電気工事に使われる電線、ケーブル、電線管、可とう電線管、線ぴといった工事材料と共に使われる付属部品を中心に説明していきます。

## 4-1 金属電線管の付属部品

　ねじなし電線管、薄鋼電線管、厚鋼電線管、金属製可とう電線管に対応した相互接続用、固定用、保護用等各種の付属品が用意されています。図4-1-1に示す①～⑫の付属品を以下に紹介します。

### ●金属電線管と金属電線管を直線に相互接続する部品

**・ねじなし電線管用カップリング**
　ねじなし電線管とねじなし電線管を直線に相互接続するときに使います（①）。

**・カップリング**
　金属電線管と金属電線管を直線に相互接続するときに使います（②）。

**・コンビネーションカップリング**
　異なる種類の電線管を直線に相互接続するときに使います（③）。

**・ユニオンカップリング**
　回すことのできない薄鋼電線管と薄鋼電線管を直線に相互接続するときに使います（④）。

### ●金属電線管と金属電線管を曲げて相互接続する部品

**・ねじなし電線管用ノーマルベンド**
　ねじなし電線管とねじなし電線管を緩やかな曲線を持たせて直角に相互接続するときに使います（⑤）。

**・ノーマルベンド**
　金属電線管と金属電線管を緩やかな曲線を持たせて直角に相互接続するときに使います（⑥）。

**・ユニバーサル**
　金属電線管と金属電線管を直角に相互接続するときに使います（⑦）。

- **T型ユニバーサル**

  金属電線管3本をT型に相互接続するときに使います（⑧）。

## ●金属電線管をボックスに固定する部品

- **ねじなし管用ボックスコネクタ**

  ねじなし電線管をボックスに接続するときに使います（⑨）。

- **リングレジューサ**

  管の径よりボックスの径が大きいときにボックスの内と外から挟み込み遊びを少なくするのに使います（⑩）。

- **ロックナット**

  ボックスに差し込まれた管やねじなし管用ボックスコネクタをロックナットで締め付けて固定します（⑪）。

- **絶縁ブッシング**

  ボックスに固定された金属電線管の開口端にねじ込み、管端で傷つかないように電線被覆を保護するのに使います（⑫）。

**図 4-1-1　いろいろな金属電線管の付属部品**

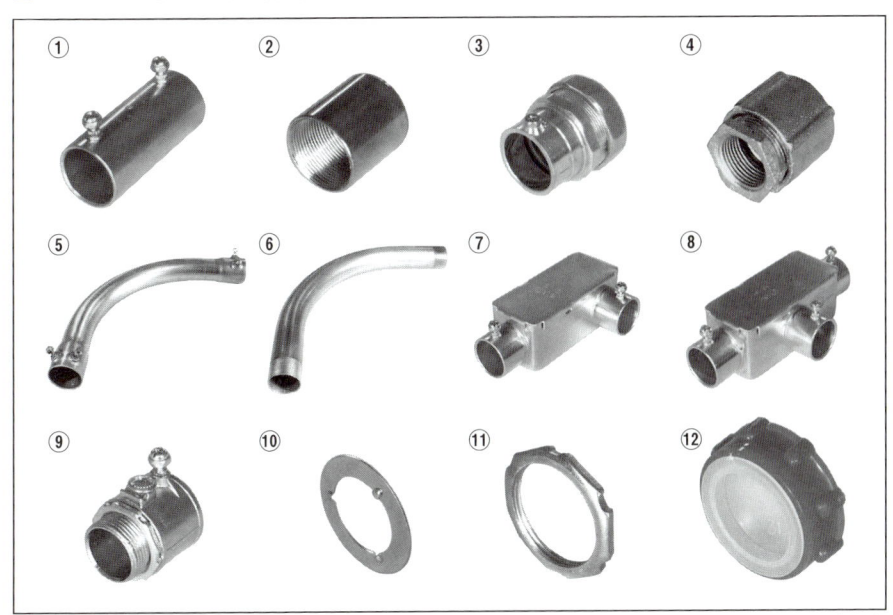

写真提供：全国金属製電線管附属品工業組合

# 4-2 合成樹脂電線管の付属部品

　VE管（硬質塩化ビニル電線管）や合成樹脂製可とう電線管のPF管、CD管に対応した管の接続用、固定用等金属電線管と同様の付属品が用意されています。図4-2-1に示す①〜⑫の付属品を以下に紹介します。

- **ノーマルベンド**
　VE管とVE管を緩やかな曲線で直角に接続するときに使います（①）。
- **2号ボックスコネクタ**
　VE管をボックスに固定するときに使います（②）。
- **TSカップリング**
　VE管とVE管を直線に相互接続するときに使います（③）。TS（Taper sized solvent welding method の略）はテーパを持った受け口にVE管を差し込んで接着剤で接着する工法からきています。。
- **PF管ボックスコネクタ**
　PF管ボックスをボックスに固定するときに使います（④）。
- **PF管カップリング**
　PF管とPF管を相互接続するときに使います（⑤）。
- **防水タイプPF管コネクタ**
　PF管とPF管を防水して相互接続するときに使います（⑥）。
- **CD管コネクタ**
　CD管をボックスに固定するときに使います（⑦）。
- **PF管コネクタ**
　PF管をボックスに固定するときに使います（⑧）。
- **管端キャップ**
　VE管内のごみや虫等異物の侵入を防止します（⑨）。
- **VE管ウォールカバー**
　壁面ケーブル引き出し口を保護し、化粧カバーになります（⑩）。

・**VE管カバー曲がり**

VE管を分岐配管するときのケーブル保護カバーとして使用します（⑪）。

・**VE管カバーチーズ**

VE管を分岐配管するときにケーブル保護と化粧カバーとして使用します（⑫）。

**図 4-2-1　いろいろな合成樹脂電線管の付属部品**

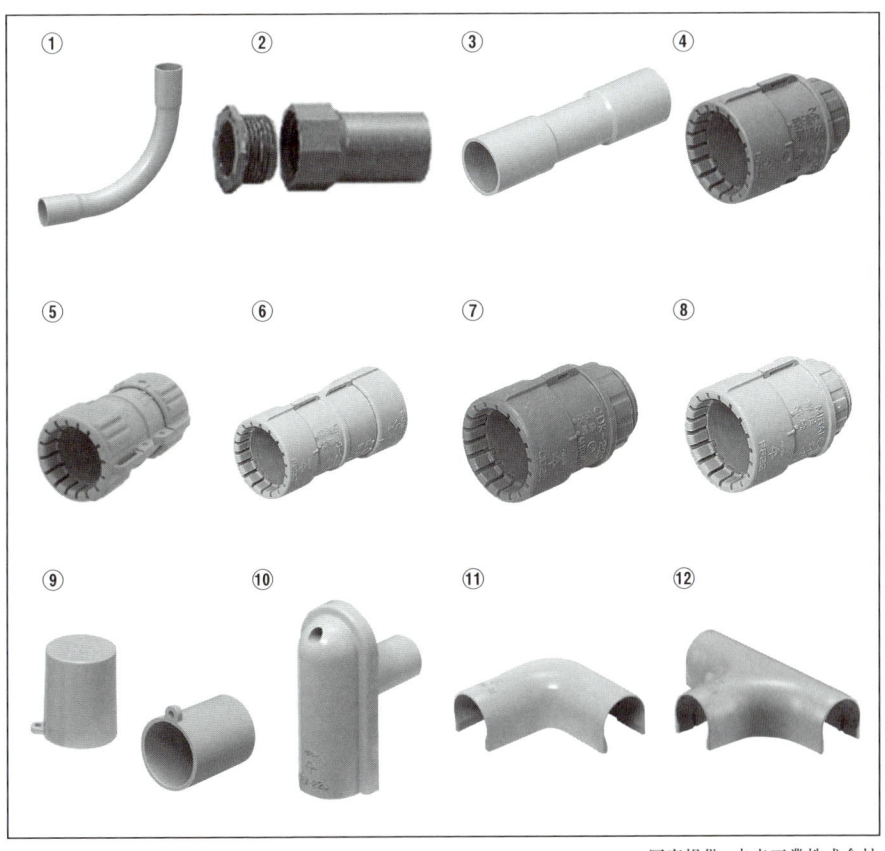

写真提供：未来工業株式会社

## 4-3 支持・固定用部品

　電線、ケーブルや電線管等を形状や重量に対応して構造体に支持、固定するための部品が用意されています。図4-3-1に示す①〜⑩の部品を以下に紹介します。

### ・VE管用サドル
　VE管の上に跨座して間隔1.5m以下で造営材に両脇2か所をねじ止めして支持するのがVE管用サドルです。合成樹脂製、鋼板製、SUS製等があります（①）。

### ・PF管用サドル
　PF管を通して間隔1m以下で造営材に1か所をねじ止めして支持するのがPF管用サドルです。合成樹脂製、鋼板製、SUS製等があります（②）。

### ・絶縁ステップル
　電線やケーブルを挟み込み造営材に打ち付けて支持するのが絶縁ステップルです。ケーブルの直径が20mm以下では支持間隔を50cm以下とします（③）。

### ・パイラック
　パイラッククリップに挟まれた金属管を鉄骨に固定するのがパイラックです（④）。

### ・パイラッククリップ
　金属管を挟み込んでパイラックに差し込んで固定します（⑤）。

### ・フィクスチュアスタッド
　アウトレットボックスの外側から差し込み、内側からロックナットで固定して、重い照明器具等をボルトをねじ込んで支持固定するのがフィクスチュアスタッドです（⑥）。

### ・低圧ノップがいし
　本体をボルトで造営材に固定し、電線を溝に沿わせてバインド線で締め付けて支持するのが低圧ノップがいしです（⑦）。

- **アンカーボルト**

   頭部を叩きこんでコンクリートに本体を固定し、本体のボルトに差し込まれた支持物をナットで締め付けて支持固定するのがアンカーボルトです（⑧）。

- **ダクターチャンネル**

   電線管、ケーブルラック、ダクト等を支持するのに用います（⑨）。

- **ダクタークリップ**

   電線管、ケーブルラック、ダクト等を挟み込んでダクターチャンネルに差し込み固定します（⑩）。

**図 4-3-1　いろいろな支持・固定用部品**

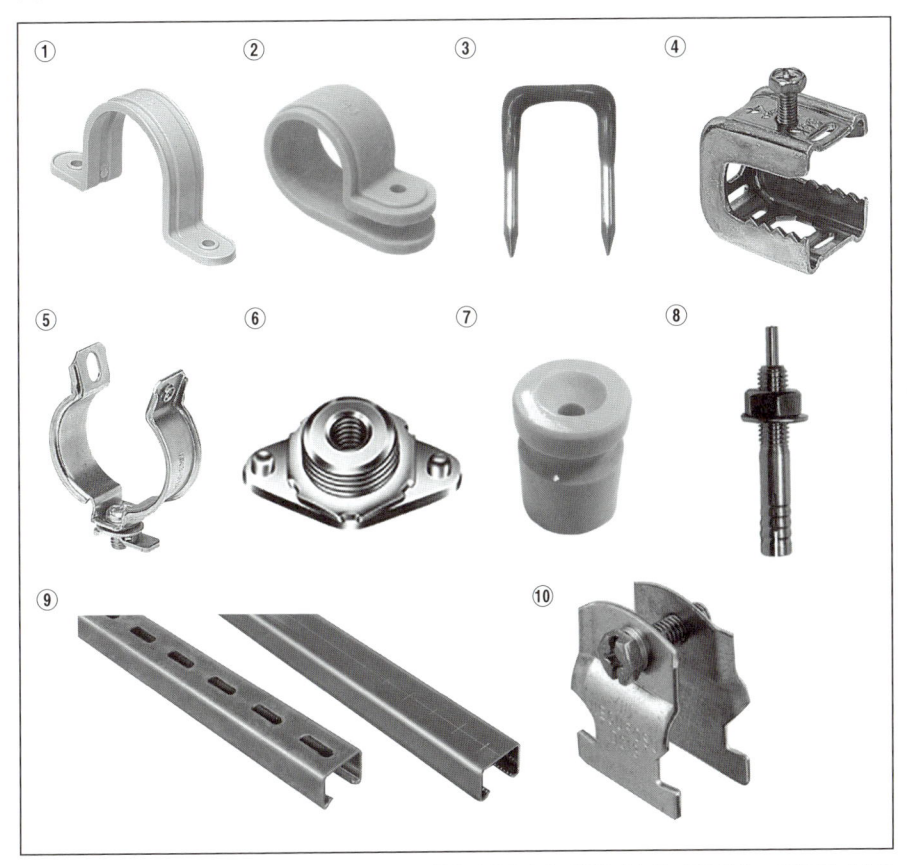

写真提供：①②④⑤⑧未来工業株式会社／⑨⑩ネグロス電工株式会社

83

## 4-4 ボックスとキャップ

　電線やケーブルを電線管から電線管に中継するボックスや電線管の端部に取り付けるキャップ等多くの部品が用意されています。図4-4-1に示す①～⑩の部品を以下に紹介します。

・アウトレットボックス
　ボックスに固定された金属電線管に収納されている電線やケーブルをボックス内で相互に接続するのがアウトレットボックスです（①）。

・コンクリートボックス
　ボックスに固定され、コンクリートに埋設されている可とう管に収納されている電線やケーブルをボックス内で相互に接続するのがコンクリートボックスです。型枠取付用の突起が上面の縁にあります（②）。

・プルボックス
　複数のボックスに固定された電線管に収納されている電線やケーブルをボックス内で相互に接続するのがプルボックスです（③）。

・埋込スイッチボックス
　埋込電線管工事でコンセントやスイッチの配線と取り付けに使用するのが埋込スイッチボックスです（④）。

・露出スイッチボックス
　露出電線管工事でコンセントやスイッチの配線と取り付けに使用するのが露出スイッチボックスです（⑤）。

・ぬりしろカバー
　仕上げカバーとボックスとの間で寸法の調整に使うのがぬりしろカバーです（⑥）。

・丸型露出ボックス
　露出電線管工事でねじなし電線管を固定し、内部で電線やケーブルの配線をするのが丸型露出ボックスです（⑦）。

・端子なしジョイントボックス

　ボックス内部でＶＶＦケーブルの相互接続に使われるのが端子なしジョイントボックスです。ベースと透明カバーから構成されています（⑧）。

・電力量計ケース

　電力量計を収納します。露出引込口配線と隠ぺい引込口配線に対応できます（⑨）。

・エントランスキャップ

　屋外で引込線を取り込むのに使われているのがエントランスキャップです。雨水の浸入を防ぐために下向きの角度が付いています（⑩）。

図 4-4-1　いろいろなボックス、キャップ部品

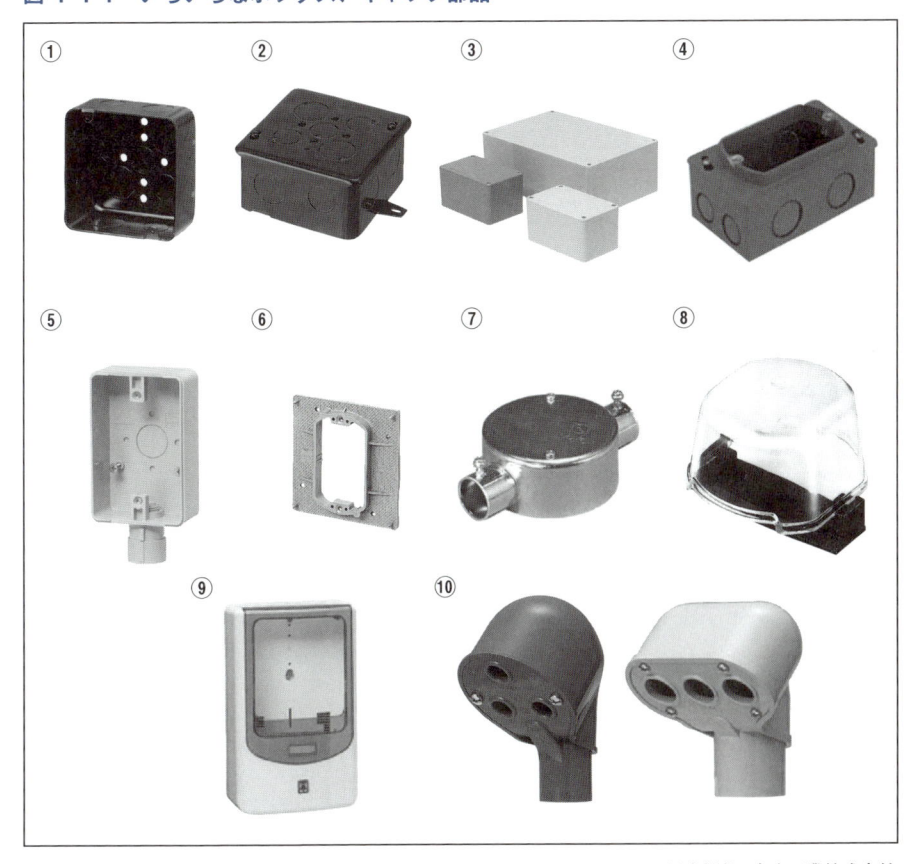

写真提供：未来工業株式会社

## 4-5 接続部品

　電線やケーブルを相互に接続したり機器と接続したりするときに使う接続端子、コネクタ、スリーブといった接続部品が多く用意されています。図4-5-1に示す①〜⑦の部品を以下に紹介します。

**・端子台**
　丸形圧着端子を圧着した電線をねじ止めして相互接続配線に使うのが端子台です（①）。

**・差込形ワイヤコネクタ**
　ボックス内で差し込まれた電線を相互接続配線するのが差込形ワイヤコネクタです（②）。リングスリーブのように絶縁テープで巻いて仕上げをする作業が不要になります。

**・キャップ形ワイヤコネクタ**
　被覆を剥いで差し込まれた電線同士をキャップをねじって相互接続するのがキャップ形ワイヤコネクタです（③）。

**・丸型圧着端子**
　被覆を剥いだ芯線を差し込んだ端部を圧着して電線を接続するのが丸型圧着端子です（④）。

**・リングスリーブ**
　被覆を剥いだ芯線複数本を差し込んだリング部を圧着して電線を相互接続するのがリングスリーブです（⑤）。差し込まれる電線の直径と本数に対応して大、中、小のサイズがあります。圧着作業後に絶縁テープを巻いて絶縁します。リングスリーブ用の絶縁キャップもあります。

**・ねじりスリーブ**
　接続する電線の芯線をスリーブに差し込み、圧縮ペンチで電線を相互接続するのがねじりスリーブです（⑥）。圧縮作業後に絶縁テープを巻いて絶縁します。断面がSの字の形をしているためS形スリーブともよばれます。

・ラジアスクランプ

　金属管と接地線を巻きつけてから締め付け、押しつぶして固定して電気的接続をとるのがラジアスクランプです（⑦）。表面に突起があり、金属管面との電気的接続が取りやすくなっています。

図 4-5-1　いろいろな接続部品

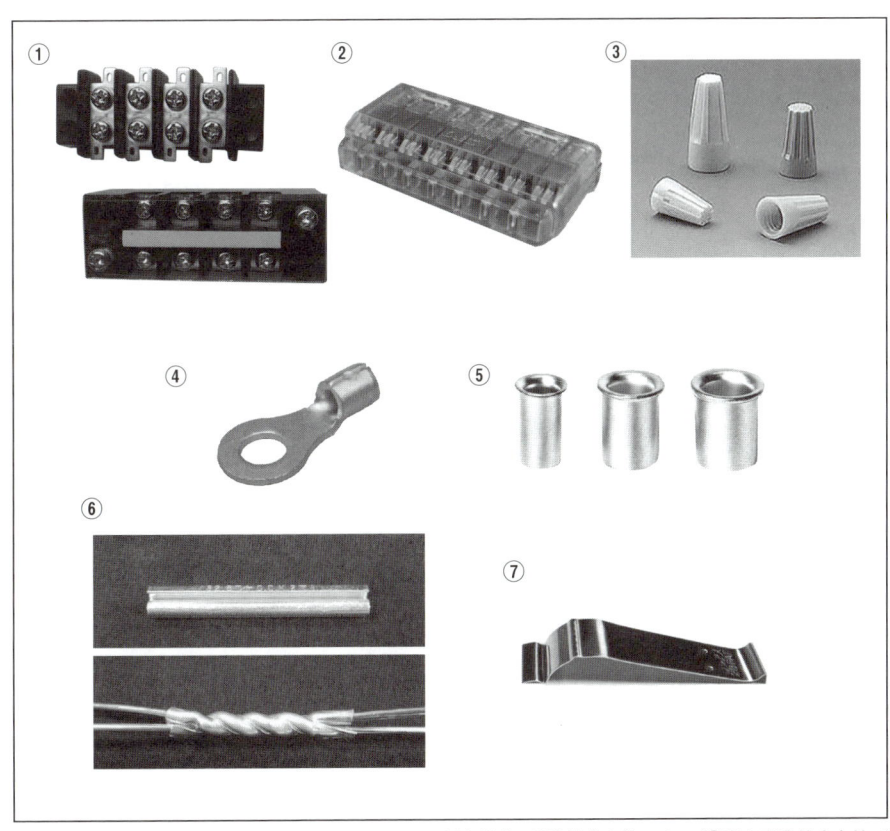

写真提供：②④株式会社ニチフ／③青山産業株式会社／⑤未来工業株式会社／⑥大阪電具株式会社／⑦永楽産業株式会社

# Column
## 電気工事の支持間隔

　電気工事で使われる電線管、ラック、線ぴ等は、造営材に一定間隔でサドル、支持金具等を使ってしっかりと固定することが内線規程で求められています。表 4-A に各種電気工事と対応する支持間隔を示します。

**表 4-A　電気工事の種類と支持間隔**

| 電気工事名 | 支持間隔 | 補足説明 |
|---|---|---|
| 金属管工事 | 2m 以下 | 内線規程 3110-7 には「支持点間隔は、2m 以下とすることが望ましい」とあります。公共工事の仕様書では「2m 以下とすること」と規定されていることが多いです。 |
| 合成樹脂管工事 | 1.5m 以下 | 内線規程 3115-6 には「支持点間隔は、1.5m 以下とし、かつ、その支持点は、管端、管とボックスとの接続点および管相互の接続点のそれぞれの近くの箇所（0.3m 程度）に設けること」とあります。 |
| 可とう電線管工事 | 1m 以下 | 内線規定 3120-7 には「一般に支持点間隔は、1m 以下とする。ただし、可とう電線管相互および、可とう電線管とボックス、器具との接続箇所は、接続点のそれぞれの近くの箇所（0.3m 程度）に設けること」とあります。 |
| ケーブルラック工事 | 2m 以下 | 公共工事の仕様書には「ケーブルラックの水平支持間隔は。鋼製では 2m 以下、アルミ製では 1.5m 以下を基本とする」と規定されていることが多いです。 |
| 金属線ぴ工事 | 1.5m 以下 | レースウェイやメタルモール等を使う工事の場合、内線規程 3125-5 には「支持点間隔は、1.5m 以下とすることが望ましい」とあります。公共工事の仕様書には「1.5m 以下とすること」と規定してあることが多いです。 |

# 第5章

# 配線器具と負荷設備

この章では、コンセント、スイッチ、分電盤、遮断器、タイムスイッチといった配線器具を中心に変圧器、電動機、照明器具についても説明していきます。

# 5-1 コンセント

　壁や床に設けられた電気を供給するための差し込み口がコンセントです。コンセントは和製英語で、米国ではアウトレット（outlet）、英国ではソケット－アウトレット（socket-outlet）とよんでいます。

　コンセントやスイッチ等の配線器具には接地側の配線端子にWとか接地側という文字の表記がしてありますので見逃さないようにしましょう。図5-1-1に示す①～⑩のコンセントを以下に紹介します。

## ●埋込形

**・埋込形コンセント**
　取付枠に取り付けて100Vの隠ぺい配線に使用するコンセントです（①）。

**・接地極付コンセント**
　取付枠に取り付けて100Vの隠ぺい配線に使用するコンセントです（②）。

**・単相100V/15A・20A兼用コンセント**
　取付枠に取り付けて100Vの隠ぺい配線に使用するエアコン等の大きな定格電流に対応するコンセントです。受け口の一方がT形をしている単相100V/15A・20A兼用埋込形コンセントの写真を③に示します。

**・単相200V/15A・20A兼用コンセント**
　取付枠に取り付けて200Vの隠ぺい配線に使用するエアコン等の大きな定格電流に対応するコンセントです。受け口の一方がL形をしている単相200V/15A・20A兼用で接地端子付の埋込形コンセントの写真を④に示します。

## ●露出形その他

**・露出形コンセント**
　100Vの露出配線に使用するコンセントです（⑤）。

**・フロアコンセント**
　床下に収納しておき、使用するときに持ち上げて使用するコンセントです（⑥）。

・**防雨形コンセント**

　雨滴の浸入を防止するカバーの付いたコンセントです(⑦)。

・**引掛けシーリング(丸形)**

　照明器具の抜け止めプラグを受け止め、回転させて固定する天井側のコンセントです。丸形をした照明器具を吊り下げる鎖を掛ける金具が両側に付いた引掛けシーリングもあります(⑧)。

・**引掛けシーリング(角形)**

　照明器具の抜け止めプラグを受け止め、回転させて固定する天井側のコンセントです(⑨)。

・**タップ**

　複数のコンセントを収納したケースにプラグ付コードを接続した製品をタップ、マルチタップとかテーブルタップとよんでいます。4組のコンセントとスイッチを収納したタップの写真を⑩に示します。

**図 5-1-1　いろいろなコンセント**

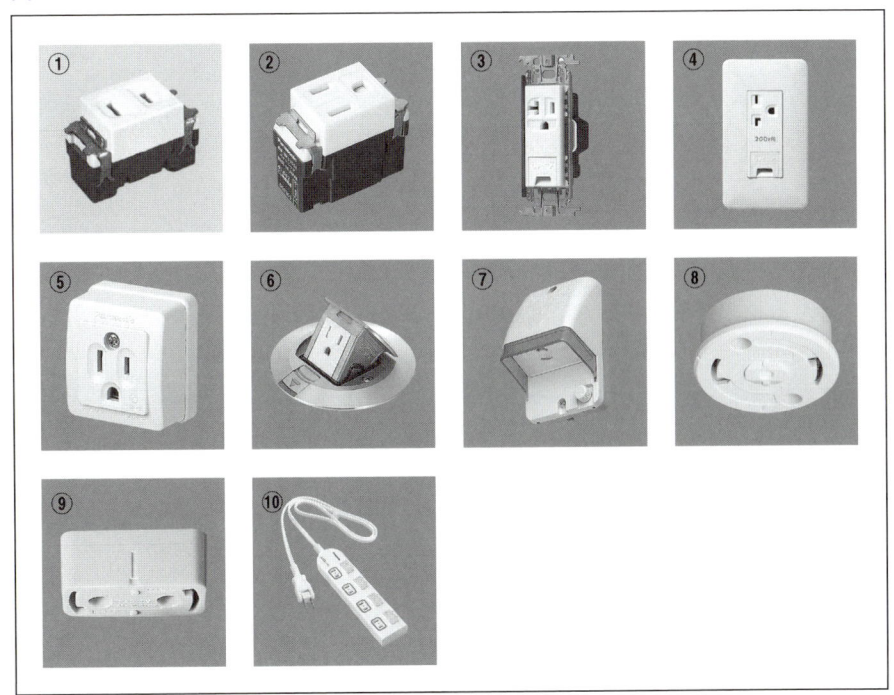

写真提供：パナソニック株式会社

# 5-2 スイッチ

　電気の供給を入り切りするのがスイッチです。金属の接点圧力で入り切りをする器具や半導体を使って入り切りする器具等があります。また、入り切りする路数によって片切、両切、3路、4路といった種類があります。また、ヒューズを内蔵しているナイフスイッチもあります。図5-2-1に示す①～⑧のスイッチを以下に紹介します。

## ●埋込形

**・埋込形タンブラスイッチ**
　取付枠に取り付けて使用する埋込形スイッチボックスの中で隠ぺい配線に使用するスイッチです（①）。

**・表示灯内蔵埋込形タンブラスイッチ**
　取付枠に取り付けて使用する埋込形スイッチボックスの中で隠ぺい配線に使用する表示灯の付いたスイッチです（②）。

## ●露出形その他

**・埋込3路スイッチ**
　2個の3路スイッチを組み合わせて2か所から照明の入り切りに使用するスイッチです（③）。

**・埋込4路スイッチ**
　2個の3路スイッチと組み合わせて3か所から照明を入り切りする配線に使用するスイッチです（④）。

**・露出形タンブラスイッチ**
　露出配線に使用するタンブラスイッチです（⑤）。

**・キャノピスイッチ**
　壁や柱等に取り付けて垂れ下がっている紐を引いて電源を交互に入り切りするスイッチです（⑥）。

・ナイフスイッチ

両切タイプの各路に溶断ヒューズが入った屋内配線に使われるスイッチです（⑦）。

・押しボタンスイッチ

照明やモーターのON/OFF動作や、ドアの開閉動作を押ボタンで操作するスイッチです。

**図5-2-1　いろいろなスイッチ**

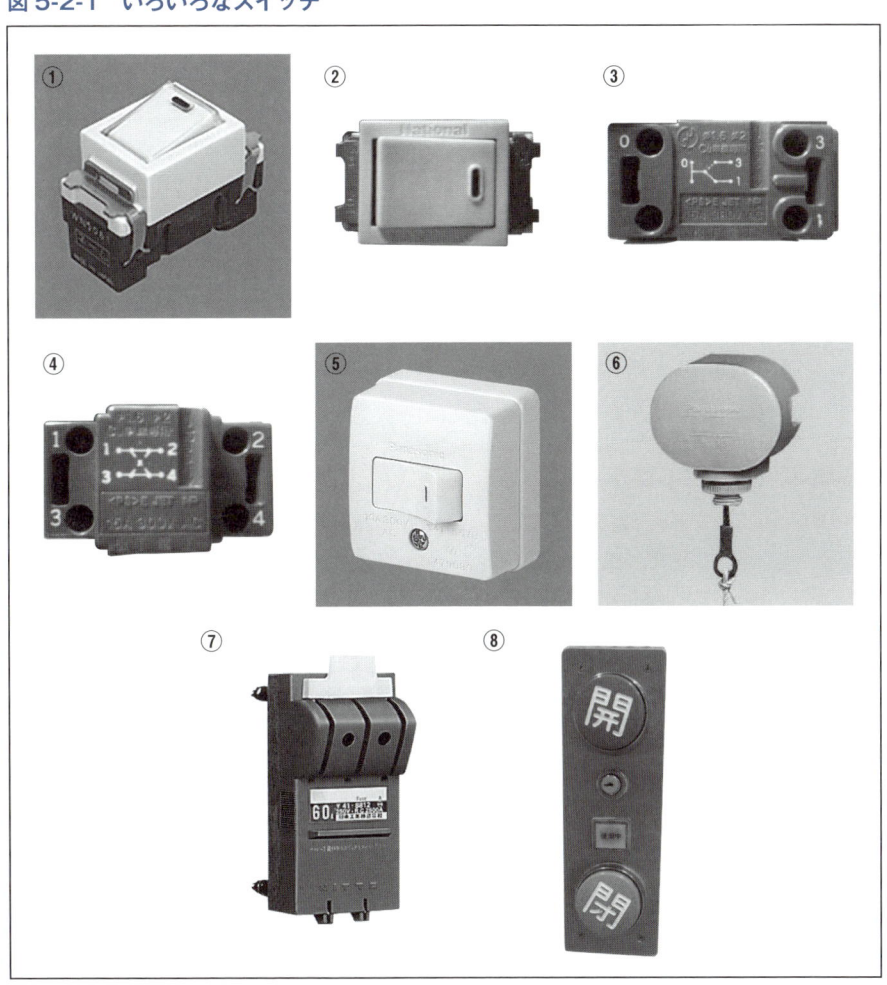

写真提供：①⑤⑥パナソニック株式会社／②③④ Web サイト「DIY で修理・住まいを助ける方法」／⑦日東工業株式会社

# 5-3 分電盤

電力会社から受電し、引き込まれた電線から安全に住宅、工場、病院、オフィス等に電気を供給するために分電盤が設けられています。
以下に分電盤の構成と種類を説明します。

● **分電盤の構成**

電柱から引込まれて電力量計を通った配線は分電盤内のアンペアブレーカに配線されています。電力会社と契約した容量のアンペアブレーカが設置されます。契約容量以上の電力を使用すると遮断されます。
アンペアブレーカから漏電遮断器に配線されます。漏電が発生すると回路を遮断して感電事故や火災事故等の発生を防止します。
漏電遮断器から配線用遮断器に配線されます。配線用遮断器は部屋単位やエアコン等容量の大きい電気設備単位に施設されます。

図 5-3-1　分電盤のしくみ

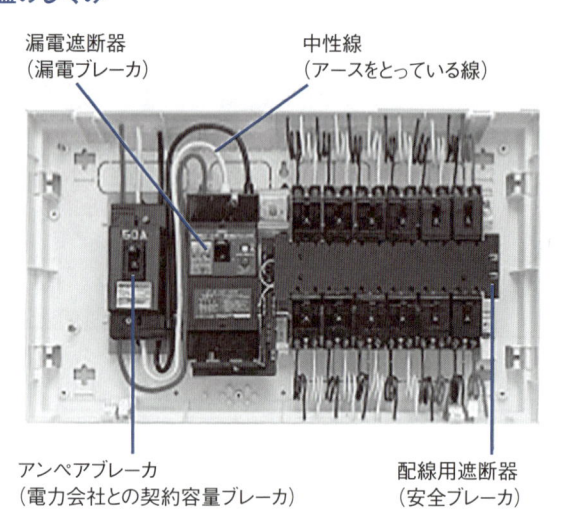

漏電遮断器
（漏電ブレーカ）

中性線
（アースをとっている線）

アンペアブレーカ
（電力会社との契約容量ブレーカ）

配線用遮断器
（安全ブレーカ）

出典：東京電力ホームページ「でんきガイド」

・住宅用分電盤

　電力会社との契約容量のアンペアブレーカ（契約ブレーカ）、漏電遮断器、100V、200V機器や分岐箇所に対応した配線用遮断器を収納しているのが住宅用分電盤です（図5-3-1）。

　図5-3-2に示す①～③の分電盤について以下に紹介します。

・電灯分電盤

　オフィス内の多数の電灯配線に対応して設けられているブレーカを収納しているのが電灯分電盤です（①）。

・動力・電灯分電盤

　工場の電動機等への配線に対応した動力用ブレーカ、照明器具への配線に対応した電灯用ブレーカ等を収納しているのが動力・電灯分電盤です（②）。

・仮設分電盤

　工事現場で使用する電動工具や仮設照明器具に電気を供給するのが仮設分電盤です（③）。

**図 5-3-2　いろいろな分電盤**

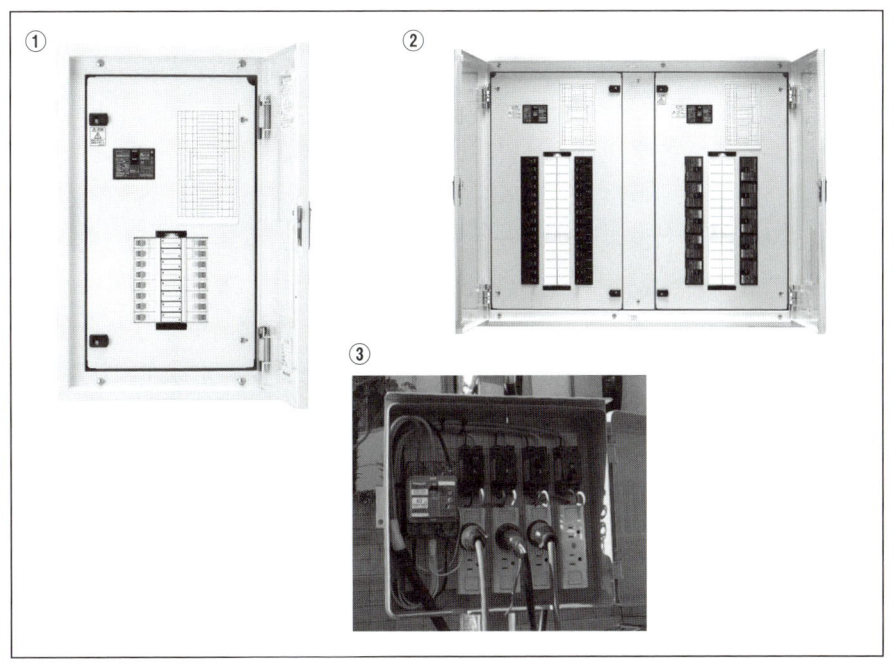

写真提供：①②日東工業株式会社

## 5-4 遮断器

　過負荷や短絡で過電流が流れたときや漏電が発生したときに電気をすみやかに遮断して火災や感電事故の発生を防止するのが遮断器（ブレーカ）です。図5-4-1に示す①〜⑦の遮断器を以下に紹介します。

・契約ブレーカ
　電力会社と契約した容量以上の電流が流れると遮断するのが電力会社より貸与されている契約ブレーカです。リミッタブレーカともよばれています。契約アンペア数による色分けは電力会社により異なっています（①）。

・配線用遮断器
　分岐回路の配線に対応して、機器の安全を守るのが配線用遮断器です。住宅のコンセントがある分岐回路では、コード短絡保護用瞬時遮断機能と定格遮断電流が2,500Aの高遮断機能を有する分岐回路用過電流遮断器を使用することが2012年内線規程の改訂で勧告事項になっています。配線用遮断器は分岐ブレーカとか安全ブレーカともよばれています（②）。

・漏電遮断器
　配線や電気設備に漏電が発生したときに火災や感電事故の発生を防止するのが漏電遮断器です。遮断動作テスト用のボタンが付いています（③）。

・モータブレーカ
　電動機等の始動時に大きな突入電流が流れたり、過負荷電流が流れる負荷パターンに対応して配線や動力機器を守るのがモータブレーカです（④）。

・電子ブレーカ
　過電流の流れる機器の電流値を電子的に時間計測して過負荷を判定して遮断するのが電子ブレーカです（⑤）。

・漏電保護プラグ
　温水洗浄便座や洗濯機等の水を扱う製品の漏電遮断器が組み込まれているプラグが漏電保護プラグです（⑥）。

・**安全開閉器**

蓋に取り付けられた爪付ヒューズが溶断するまで過電流が流れると電気を遮断するのが安全開閉器です（⑦）。カットアウトスイッチともよばれています。溶断までの時間に周囲温度等でばらつきがあるのとヒューズを取り換える手間がかかるので現在ではほとんど使われなくなっています。

**図5-4-1　いろいろな遮断器**

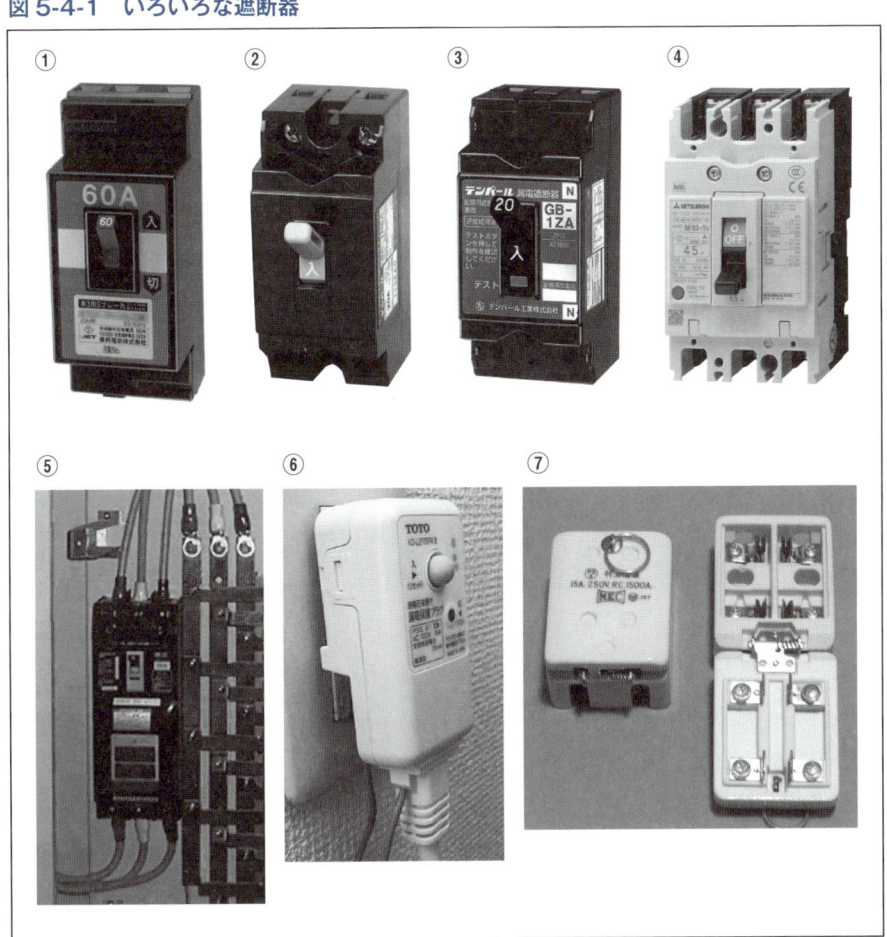

写真提供：①東邦電気株式会社／②③テンパール工業株式会社／④三菱電機株式会社／⑤株式会社オーセンティック⑦アドウイクス株式会社

# 5-5 タイムスイッチ

　あらかじめ設定された時間になると電気の投入、切断をするのがタイムスイッチです。設定が一回限りの機械式タイマーから24時間の時間設定がプログラムできる交流モータ式タイムスイッチ、週間、月間、年間等プログラムの設定ができるマイコン内蔵のタイムスイッチ等用途に応じた各種のタイムスイッチがあります。また、本体に負荷を制御するマイクロスイッチの接点を内蔵しているタイプや外部の電磁開閉器やリレーをリモートで接点をON/OFFして負荷を制御するタイプ等があります。
　図5-5-1に示す①～⑤のタイムスイッチを以下に紹介します。

**・モータ式タイムスイッチ**
　小型モータの力で動作するタイムスイッチです。①がピンを差し込んでON/OFFをセットできるモータ式タイムスイッチです。

**・機械式タイムスイッチ**
　ぜんまいの力で動作するタイムスイッチです。②が短時間経過後にON/OFFが必要な用途に使われる機械式タイムスイッチです。

**・埋込式タイムスイッチ**
　換気扇や照明のスイッチをONし、短時間動作後にOFFする用途に使われているタイムスイッチです。③がタンブラースイッチと一緒のパネルに埋め込まれている埋込式タイムスイッチです。

**・電子式タイムスイッチ**
　マイコンを搭載した電子回路により動作するタイムスイッチです。④は週間プログラムが可能なコンセントが側面に付いた電子式タイムスイッチ、⑤はPICマイコン搭載タイマー基板の電子式タイムスイッチです。

**図 5-5-1　いろいろなタイムスイッチ**

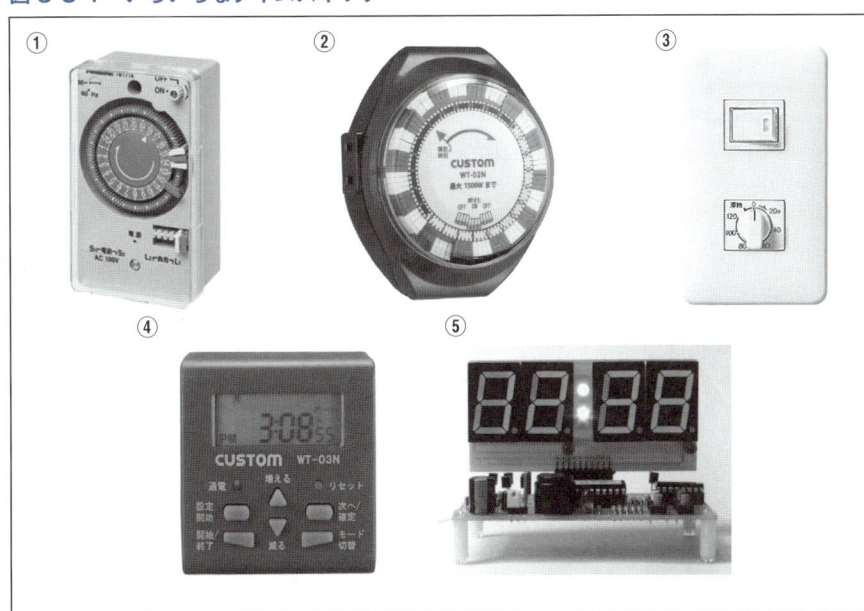

① ② ③
④ ⑤

写真提供：①③パナソニック株式会社／②④株式会社カスタム／⑤株式会社秋月電子通商

## Column

### 時限爆弾目覚まし

　ダイナマイト等の爆薬とタイムスイッチを組合せた時限爆弾がテレビドラマや映画のアクションシーンによく登場します。タイムスイッチがカウントダウンされていく様子をみせ、いかにドキドキさせるかが腕の見せどころです。このような時限爆弾の形をした目覚まし時計の例を図5-Aに示します。

**図 5-A　時限爆弾目覚まし**

写真提供：永久機関室

5・配線器具と負荷設備

99

# 5-6 変圧器

　入力された交流電源の電圧を目的の電圧に変換して出力するのが変圧器です。トランスとよばれることもあります。小型電子機器用のACアダプターに内蔵されている小型変圧器から変電所や電柱の上に設置されている大型変圧器まで様々な形状の変圧器があります。図5-6-1に示す①～⑦の変圧器と、電源電圧変換トランスとアウトプットトランスについて以下に紹介します。

**・電源電圧変換トランス**
　国により電源仕様の異なる電気機器や電子機器を動作させるときに使用するのが電源電圧変換トランスです。

**・ACアダプター**
　コンセントに差し込み、内蔵している変圧器で低圧の交流に変換し、整流安定化して直流を出力するのがACアダプターです（①）。携帯電話用ACアダプターではスイッチングレギュレータ回路で低圧の直流に変換してしまう変圧器を内蔵しない小型軽量のものが増えています。

**・小型トランス**
　プリント基板の電源回路やオーディオ回路等で電圧変換やインピーダンス変換等の電子回路に使うのが小型トランスです（②）。

**・スライダック**
　変圧器の二次側巻線の面を、つまみを回してスライドさせて電圧を連続的に変圧して出力するのがスライダックです。電動機の試運転や実験等に使われます。

**・ネオン変圧器**
　ネオン管を点灯させる高圧に変換するのがネオン変圧器です（③）。

**・柱上トランス**
　変電所から送られてきた6600Vを100Vや200Vに変換して出力するのが柱上トランスです（④）。

・**トロイダルトランス**

ドーナツ形のトロイダルコアを使ったトランスがトロイダルトランスです（⑤）。

・**変流器**

コアの中心を通る電線の電流値や電流のアンバランス値を検出するのが変流器です（⑥）。

・**カットコアトランス**

半分にカットされた2個のコアをスチールベルトで巻いて接合させてトランスにしたのがカットコアトランスです（⑦）。

・**アウトプットトランス**

出力回路とスピーカのマッチングをとるのがアウトプットトランスです。

**図 5-6-1　いろいろな変圧器**

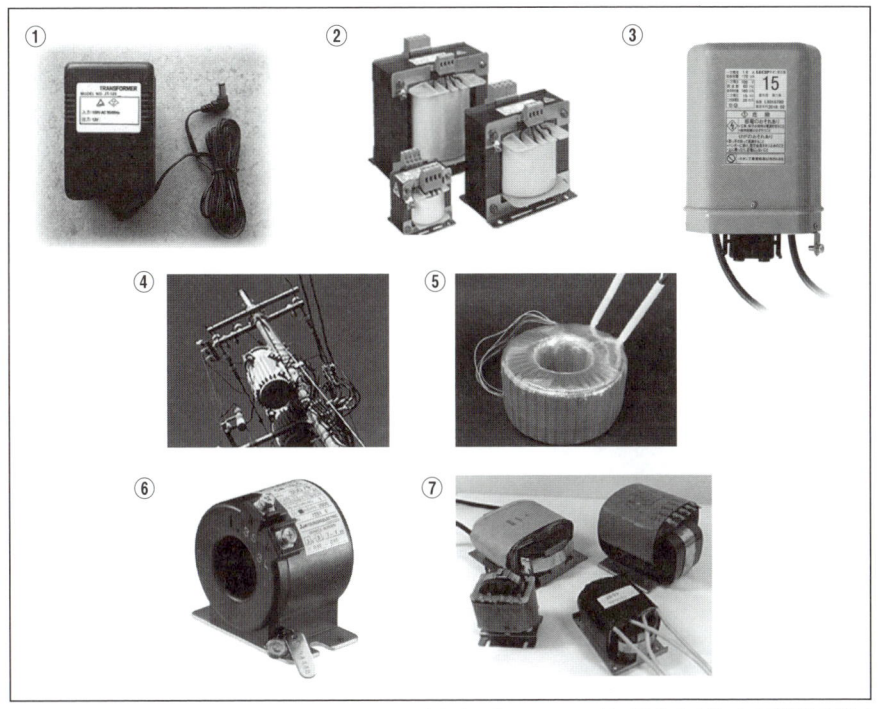

写真提供：①マルツパーツ館／②株式会社川原電機製作所／③レシップエスエルビー株式会社／⑥三菱電機株式会社

# 5-7 電動機

　工作機械、電車、電気自動車を駆動する大型の電動機から洗濯機、掃除機、エアコンといった家電製品を駆動する電動機まで多くの種類の電動機が活躍しています。図5-7-1に示す①～⑥の電動機を以下に紹介します。

**・隈取モータ**

　駆動力が小さくてよい交流ファン等の用途には構造が簡単で安価な隈取モータが使われてきました(①)。

**・直流モータ**

　自動車にはパワーウィンドウ、ドアミラー、パワーシート等に20個以上の直流モータが使われています。長寿命で信頼性の高いブラシレス直流モータの写真を②に示します。

**・洗濯機用モータ**

　ベルト駆動の誘導電動機が使われてきましたが全自動ドラム式洗濯機ではダイレクトドライブモータが使われています(③)。

**・汎用誘導電動機**

　工場の設備機器の駆動等には汎用誘導電動機が使われています(④)。

**・電気自動車用電動機**

　インバータと組み合わせて走行する電気自動車には交流・高出力の電気自動車用電動機が使われています(⑤)。

**・電車用電動機**

　高速連続走行する電車にはインバータと組み合わせた交流・高出力の電車用電動機が使われています(⑥)。

**図 5-7-1 いろいろな電動機**

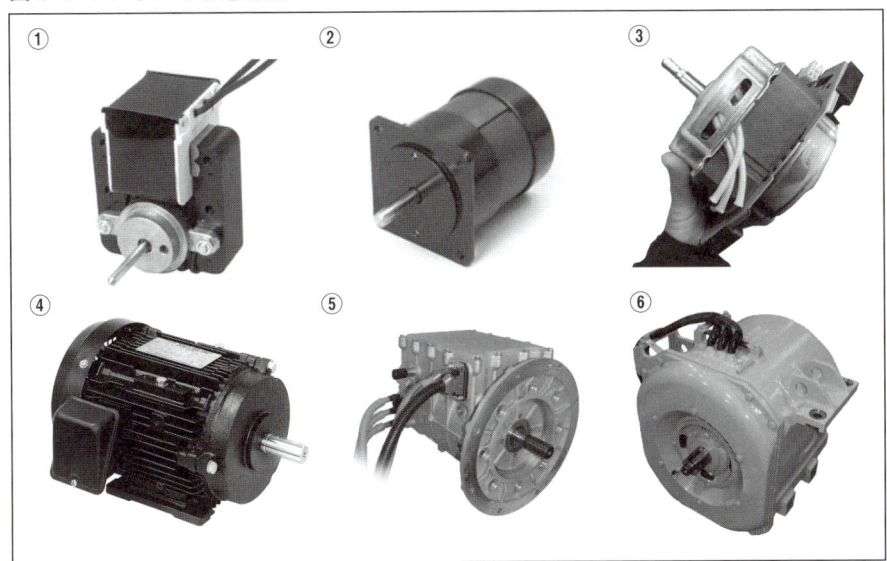

写真提供：①②株式会社米子シンコー／③アトム電器／
④東芝産業機器システム株式会社／⑤株式会社安川電機／⑥三菱電機株式会社

## Column

### 電動機の選定手順

電動機を選定する手順を以下に説明します。
①電動機の駆動する駆動機構にかかる駆動対象物の質量、移動速度等の仕様を決定します。
②電動機の駆動軸での負荷トルク、負荷慣性モーメント、回転速度等を計算します。
③駆動部における停止精度、停止位置保持、速度パターン、耐環境性等の要求仕様を確認します。
④計算で求めた負荷トルク、負荷慣性モーメント、回転速度や要求仕様を満たす電動機、減速機構（ギヤヘッド）、コントローラ等を選定します。
以下の流れになります。

駆動機構の仕様決定 → 回転速度・負荷計算 → 駆動部の要求仕様の確認 →

電動機等の選定

5・配線器具と負荷設備

# 5-8 照明器具

　室内照明（手元照明、足元照明、食卓照明、スポット照明）や屋外照明（門燈照明、玄関照明、庭園照明、防犯照明、街路灯、防犯灯）等の照明に対応する照明器具があります。図5-8-1に示す①〜⑦の照明器具を以下に紹介します。

・シーリングライト
　天井に取り付けて部屋全体を証明するのがシーリングライトです（①）。
・ダウンライト
　天井から足元を照明するのがダウンライトです（②）。
・スポットライト
　絵画や商品等、的を絞って照明するのがスポットライトです。照明角度を調整することができます（③）。
・門燈
　門の周辺、インターフォンや表札等を照明するのが門燈です（④）。
・ガーデンライト
　夜になり、暗くなると自動的に庭園を照明するのがガーデンライトです。配線が目立たないように地下埋設でされています（⑤）。
・センサーライト
　人感センサーが付いていて人が通過するとライトが点灯するのがセンサーライトです。防犯にもなります（⑥）。
・LED防犯灯
　住宅街の夜間の道路を明るく照明し、防犯に寄与するのがLED防犯灯です（⑦）。

**図5-8-1　いろいろな照明器具**

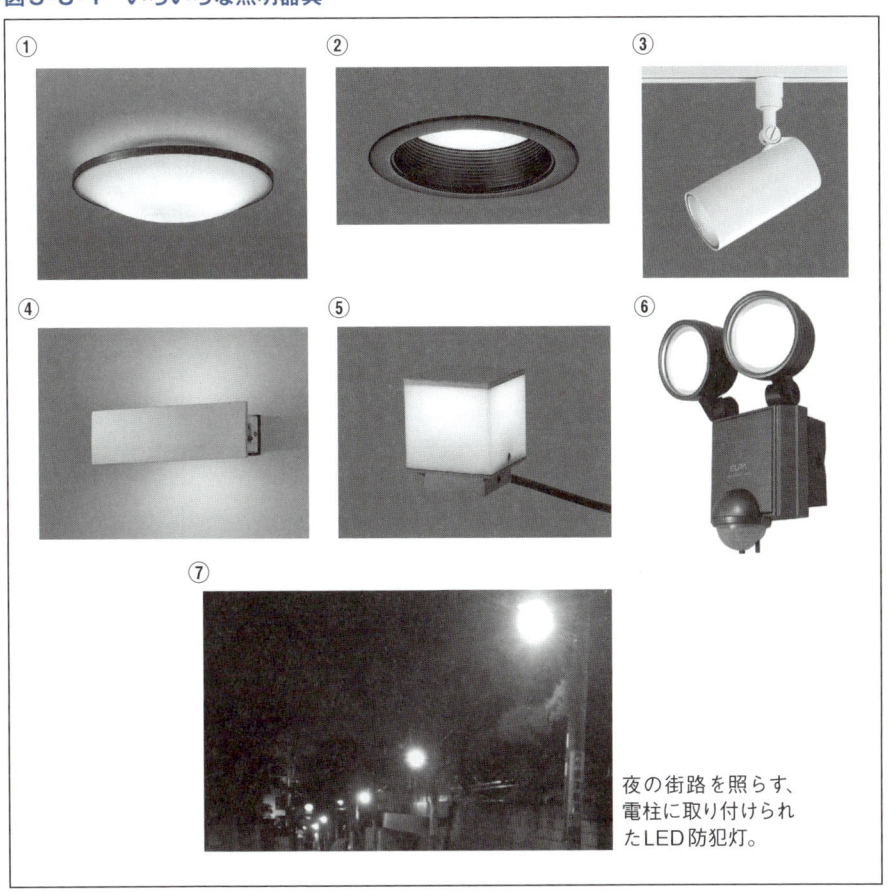

① ② ③
④ ⑤ ⑥
⑦

夜の街路を照らす、電柱に取り付けられたLED防犯灯。

写真提供：①〜⑤パナソニック株式会社／⑥朝日電器株式会社

　照明は屋内の各所で使われます。隠ぺい配線で取り付ける照明器具は、対応する点灯、消灯スイッチの位置等を決めて施工します。移動する照明器具については適切な位置にコンセントを施工しておきます。
　表5-8-1に照明器具によく使われている光源（LED、蛍光灯、白熱灯、高輝度放電灯）の性質と特徴を示します。

### 表5-8-1 光源の性質と特徴

| 光源の種類 | LED | 蛍光灯 | 白熱灯 | HID<br>(高輝度放電灯) |
|---|---|---|---|---|
|  | 省エネ・長寿命の先進的なエコ光源 | 長寿命で経済的な光源 | 演出効果の高い光源 | 明るく高効率な光源 |
| 代表例 | LED器具<br>LED電球 | 直管蛍光灯<br>丸型蛍光灯<br>電球形蛍光灯 | ミニクリプトン球<br>レフ球<br>ダイクロハロゲン球 | セラミックメタルハライドランプ<br>水銀灯 |
| 光源の性質 | ・点光源に近く、ツヤや立体感の表現に優れている<br>・熱線や紫外線をほとんど含まない | ・拡散光で影が出にくい | ・点光源に近く、ツヤや立体感の表現に優れている | ・光量が大きく、高効率である<br>・非住宅・屋外に適する |
| 点灯 | ・低温時でも瞬時点灯する<br>・調光も可能なタイプがある<br>・点滅に強く、ON-OFFが頻繁な場所に適する | ・低温時に明るくなるまで時間がかかるものが多い<br>・調光も可能なタイプがある<br>・点滅に弱く、ON-OFFが頻繁な場所に適さない | ・低温時でも瞬時点灯する<br>・容易に調光が可能<br>・点滅に弱く、ON-OFFが頻繁な場所に適する | ・始動・再点灯に時間がかかる<br>・調光も可能なタイプがある |
| 演色性<br>(色の見え方) | 普通～良いものまで存在 | 普通 | 良い | 悪い～良いものまで存在 |
| 寿命 | 約40,000時間<br>(光束が初期値の約70％になるまでの総点灯時間) | 約6,000～18,000時間 | 約1,000～4,000時間 | 約6,000～16,000時間 |
| 経済性 | 特に経済的 | 経済的 | 経済的でない | 経済的 |
| 光色<br>(代表例) | 昼白色タイプ：<br>　爽やかで活動的な雰囲気<br>電球色タイプ：<br>　落ち着いた雰囲気 | 昼白色：<br>　爽やかで活動的な雰囲気<br>電球色：<br>　落ち着いた雰囲気 | やや赤みを帯びた、暖かく落ち着いた光色 | 白色：<br>　爽やかで活動的な雰囲気<br>電球色：<br>　落ち着いた雰囲気 |
| 調光 | 調光可能なランプ・器具のみ | 調光可能器具のみ | すべてのランプ・器具 | 調光可能器具のみ |
| 調色 | 調色可能な器具のみ | — | — | — |

出典：株式会社オーデリックホームページ

# 第6章

# 作業工具

この章では、回す、切る、穴をあけるといった作業に使われる工具を中心に管工事作業で使われる工具や身を守る装備についても説明していきます。

## 6-1 回す工具

　ねじの頭の形状、ボルト、ナットの種類等に対応して回しながら締め付けたり、緩めたりする工具にドライバーレンチ、スパナ、プライヤー等があります。図6-1-1に示す①～⑨の工具について以下に紹介します。

**・プラスドライバー／マイナスドライバー**
　＋ねじを回すときには先端が＋形状のプラスドライバー（①）を、－ねじを回すときには先端が－形状のマイナスドライバー（②）を使います。ねじ回しともよばれています。ねじのサイズに応じた大きさのドライバーがあります。

**・検電ドライバー**
　電気が通電している部分にドライバーの先端が接触すると内部のLEDが点灯し、充電の有無を知ることができます。（③）。

**・精密ドライバー**
　機械式時計の組立、分解に使われていたので時計ドライバーともよばれています。電池式時計の電池を交換するときや電子回路に調整ねじのある部品を調整するとき等に使います。プラスとマイナスの6本組の精密ドライバーセットを例示します（④）。

**・Ｔ型ドライバー**
　取手が「Ｔ」の形状をして力を入れて回しやすいドライバーです。ねじに合わせて先端が交換できるＴ型ドライバー（⑤）とＴ型ナットドライバー（⑥）の例を示します。

**・ナットドライバー**
　ナットサイズに合ったナットドライバーをナットに差し込んでナットを回します。ナット回し、ボックスレンチともよばれています（⑦）。

**・モンキーレンチ**
　頭部のウオームギヤを回し、ボルトやナットの形状に合わせてしっかり挟んでから回して締め付けたり、ゆるめたりすることができます（⑧）。名前の

由来は、発明者名説、サルに形状が似ている説、現場の職人がサルのように敏捷に働いていた説等様々な説があります。

・スパナレンチ

　サイズに合わせたスパナレンチを使ってボルト、ナットを締め付けたり、ゆるめるときに使います（⑨）。

**図 6-1-1　いろいろな回す工具**

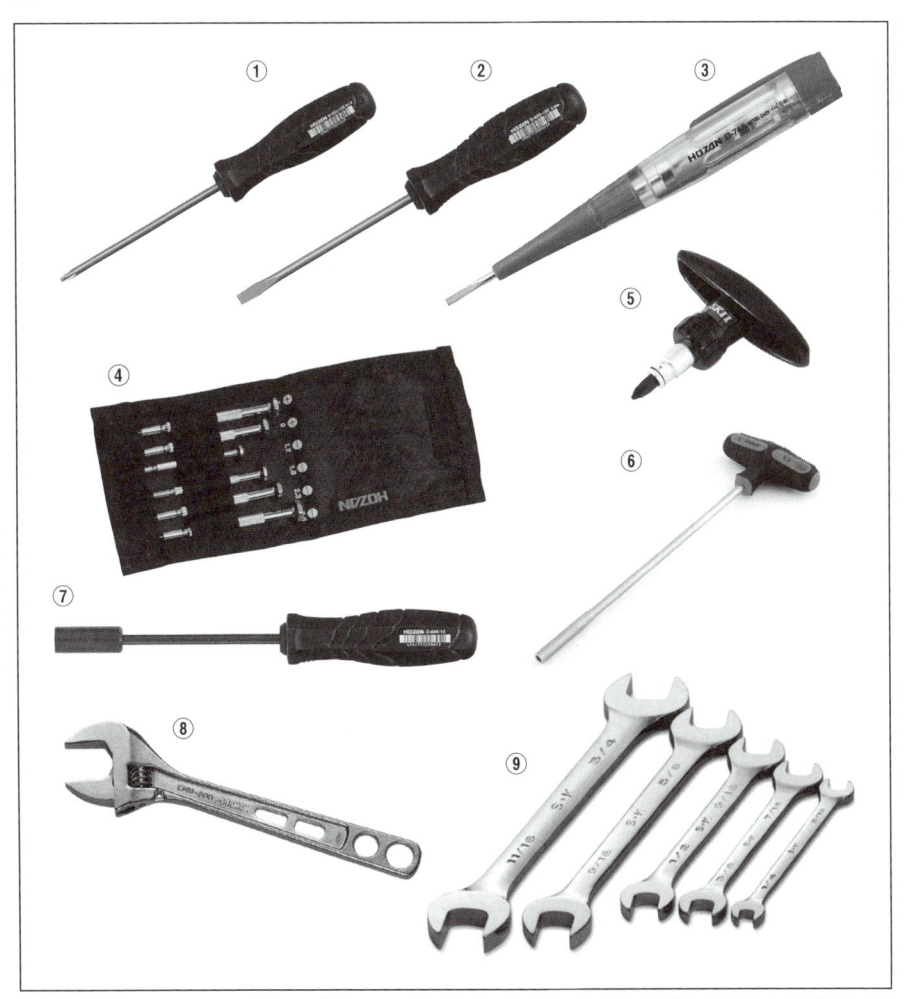

写真提供：①〜④、⑦⑨ホーザン株式会社／⑤⑥藤原産業株式会社／⑧株式会社松阪鉄工所

109

## 6-2 切る工具

　電気工事では電線やケーブルを切断したり、被覆をむいて加工することが多いので、各種の切ったり曲げたりする工具があります。図6-2-1に示す①～⑧の工具について以下に紹介します。

- ニッパー
　電線を切断します（①）。電線の被覆をむく機能の付いたものもあります。
- ワイヤーストリッパー
　電線のゲージ（太さ）にあった位置に電線を挟み込み絶縁被覆を切って抜き取ります（②）。
- ケーブルカッター
　ケーブルを切断します。太いケーブルも切りやすいようにハンドルが長くなっています（③）。
- 電工ナイフ
　電線やケーブルの絶縁被覆を切り取ったり、ちょっとした切断加工をするときに使います（④）。
- 鋸(のこぎり)
　木材の薄い板やプラスチック管を鋸刃で引きながら切っていきます（⑤）。鋸刃を用途に応じて交換できるものもあります。
- スチールカッター
　金属管や金属材料を高速で切断するときに使います（⑥）。
- 電工ペンチ
　電線を切断したり、くわえ込んで曲げたりするときに使います（⑦）。圧着機能が付いたものもあります。
- ラジオペンチ
　先端で電線をつまんで曲げ加工等の細工をしたり、細い線を切るとき等に使います（⑧）。

### 図 6-2-1 いろいろな切る工具

ケーブルカッターの使用例

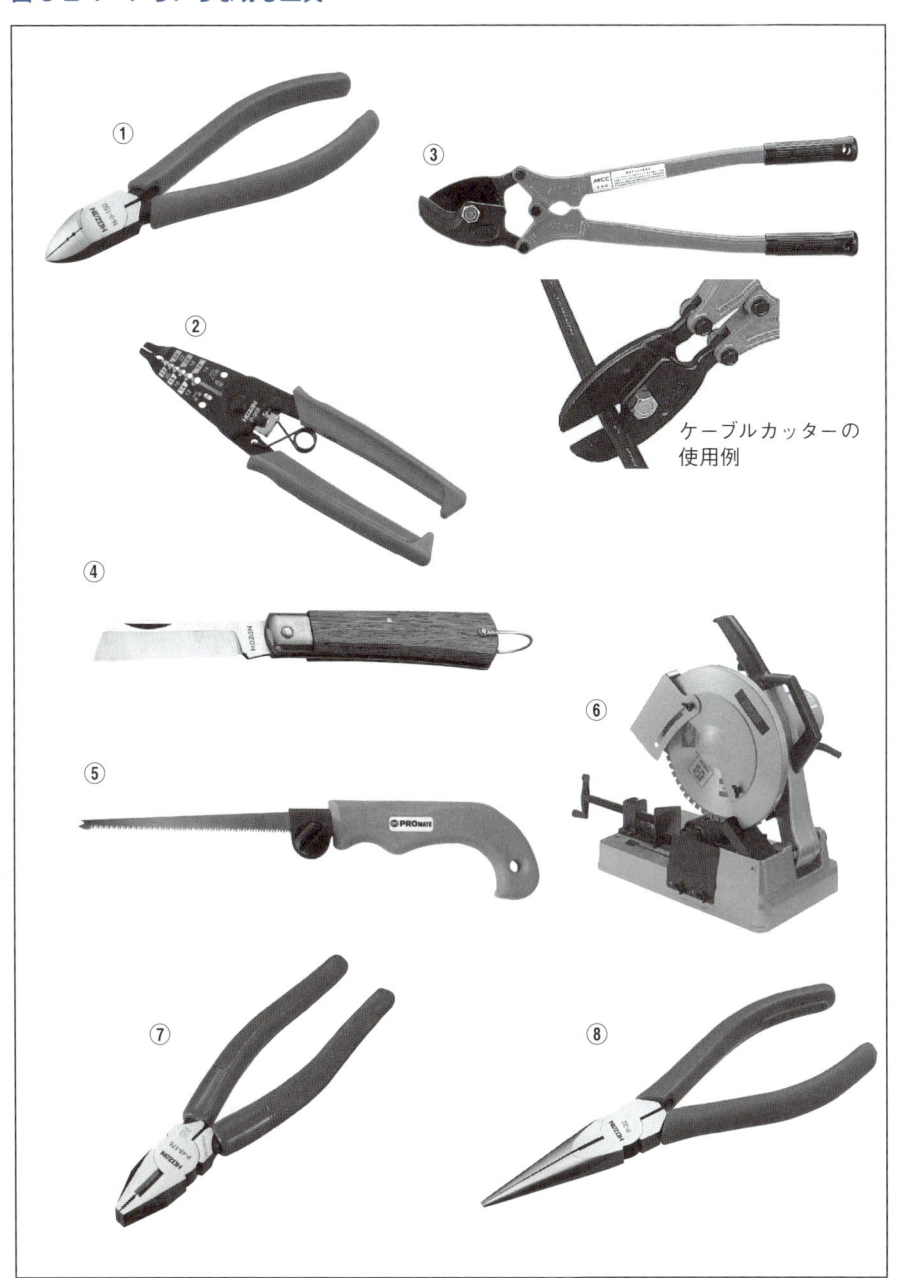

写真提供：①②④⑦⑧ホーザン株式会社／③株式会社松阪鉄工所／⑤株式会社マーベル／⑥リョービ株式会社

# 6-3 穴をあける工具

　電気工事では現場で穴をあける作業がつきものです。穴をあける対象の材質や厚み、穴の大きさ等に応じて穴をあけるいろいろな工具があります。図6-3-1に示す①～⑥と図6-3-2に示す⑦、⑧の工具について以下に紹介します。

## ●ドリルで穴をあける工具

**・ハンドドリル**
　ドリルの刃をチャックに取り付け、回転するハンドルを回して穴をあけます（①）。ドライバー形状のハンドドリルもあります。

**・クリックボール**
　チャックに付けたドリルの刃や板錐等を手動でハンドルを回転させながら木材や金属を加工します。折れ曲がったクランク形状をしています（②）。

**・タップとタップハンドル**
　ドリルであけた穴にねじを切る工具です（③）。タップハンドルのチャックにタップを取り付け、タップを穴にさしこみ、ハンドルを回してねじりこみながらねじを切っていきます。

**・電動ドリル**
　チャックに取り付けたドリルの刃をモータで回転させて穴をあけます。コードをのばしてコンセントから電気をとる方式（④）と充電式電池によるものがあります（⑤）。

## ●穴をきり抜く工具

**・シャーシパンチとノックアウトパンチ**
　シャーシパンチ（⑥）は、次の(a)～(d)の手順でカッターを金属板に食い込ませて金属板を切り取って穴をあけます。
　(a) 金属板の穴をあける位置に、センターボルトが入る穴をドリルであけます。
　(b) カッターとウスで金属板を両面から挟みます。

## 図 6-3-1　いろいろな穴をあける工具 -1

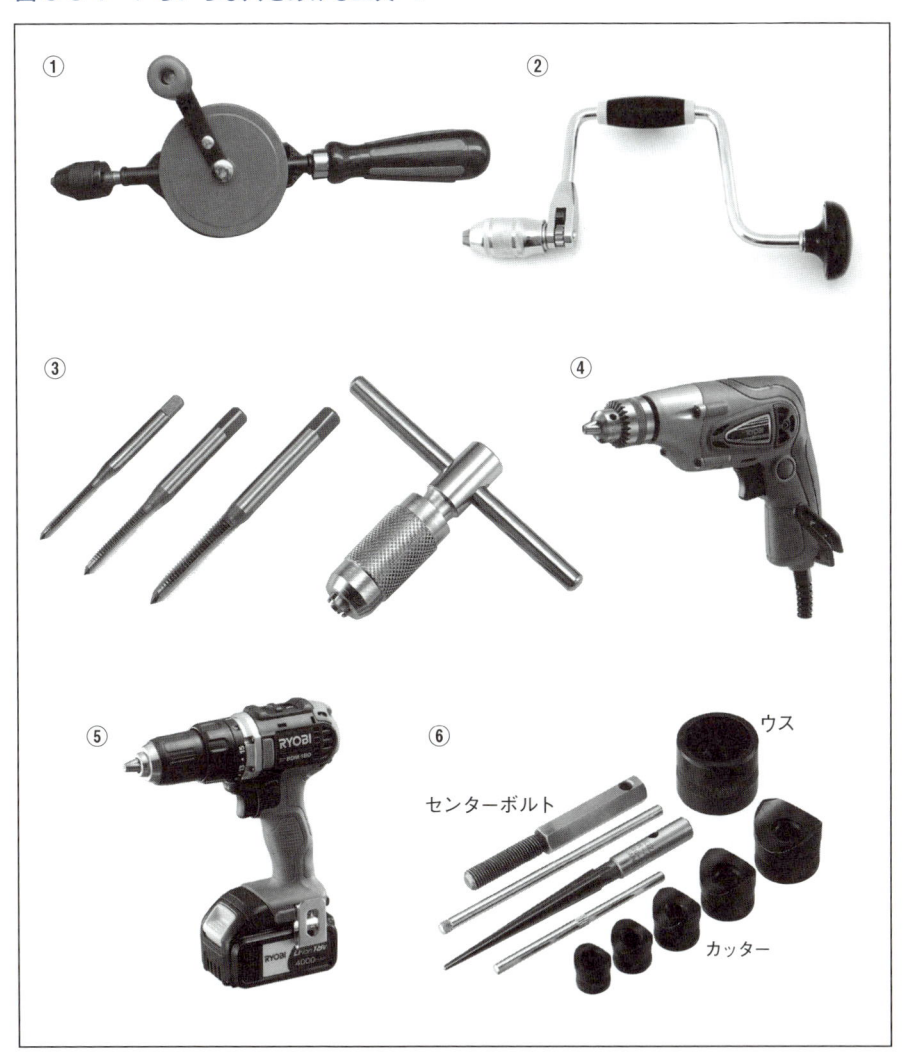

写真提供：①新潟精機株式会社／②藤原産業株式会社／③⑥ホーザン株式会社／④⑤リョービ株式会社

(c) センターボルトをカッターからウスへ差し込み、ねじ込みます。
(d) ハンドルを回してカッターをウスに完全に食い込ませると穴があきます。
　シャーシパンチを油圧で動作させて穴を打ち抜くのがノックアウトパンチです。

・ホールソー

　ドリルのチャックに取り付けて木材や金属の薄板に穴をあけるときに使います。芯のドリルで位置決めし、回転刃で穴を切っていきます（⑦）。

## ●穴をひろげる工具

・テーパーリーマー

　ドリルで下穴をあけた後にテーパーリーマー（⑧）の先端を入れ、ハンドルを持って回転させながら穴の径を広げていきます。ホールソーのチャックに差し込むタイプもあります。

**図 6-3-2　いろいろな穴をあける工具 -2**

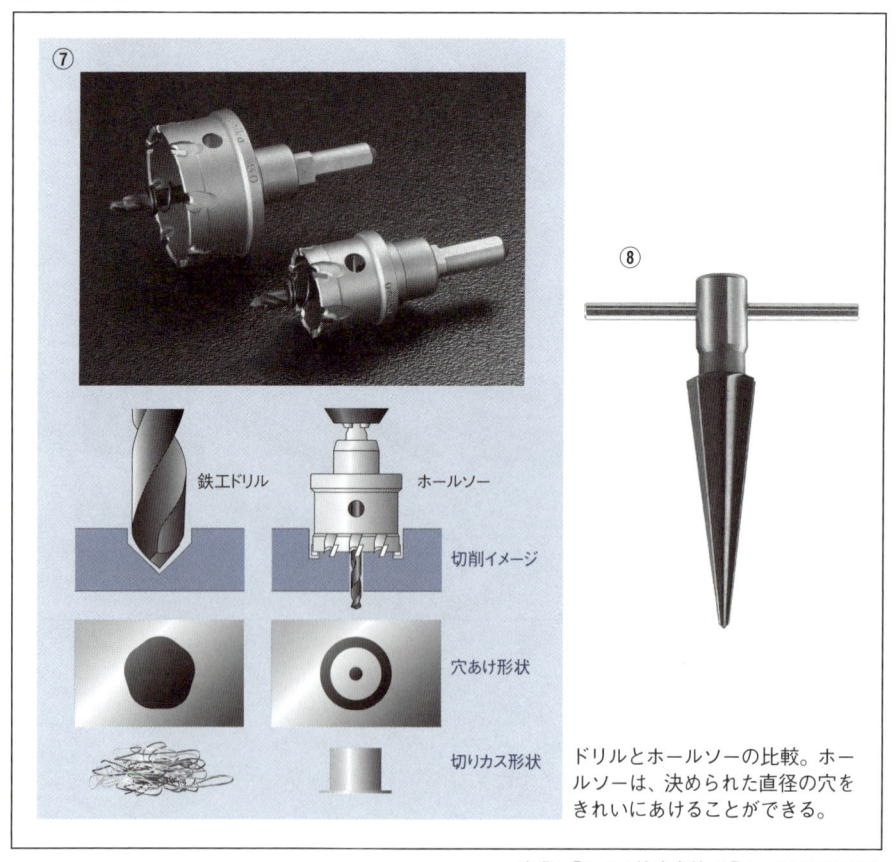

ドリルとホールソーの比較。ホールソーは、決められた直径の穴をきれいにあけることができる。

出典：⑦ユニカ株式会社／⑧ホーザン株式会社

# Column
## 作業工具の正しい使い方①

### 【ドライバー】 SCREW DRIVER
**特徴**
小ネジや木ネジを締め付けたり取り外したりする工具で使用目的によっていろいろな型がある。柄の形状から普通型と貫通型、先端の形状によってマイナスドライバー、プラスドライバーとに大別される。

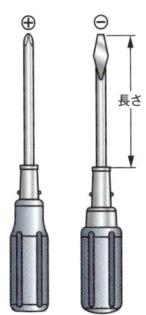

マイナスドライバーの寸法（サイズ）は、柄の付け根から軸の先端までの長さをいう。
プラスドライバーの寸法（サイズ）は、先端の大きさにより、大きいほうからNo4、No3、No2、No1等がある（貫通ドライバーは頭部をハンマでたたき、かたく締まったネジにゆるみを与えてからねじることができる。

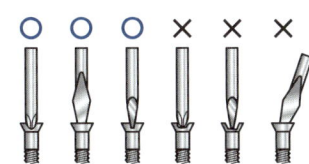

ドライバーのネジを溝に正確に合わせて使う。締め付けるときは、ネジの溝にまっすぐにあてて力が平均にかかるようにする。プラスネジの場合は、ネジの穴にドライバーがぴったりはまりこみ、ガタつきがないものがそのネジに合ったドライバーである。

物をこじ開けたりしてはいけないドライバーもある。

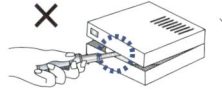

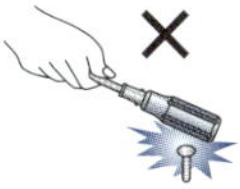

ドライバーをハンマ代わりに使ってはいけない。

### 【モンキーレンチ】 ADJUSTABLE WRENCH
**特徴**
ボルト、ナットを締めたりゆるめたりする工具で、口の開きを調節して多種のサイズのボルト、ナットに対応する。

ボルト、ナットの2面にモンキーレンチの2面を正しく合わせ、ボルト、ナットをあごの奥の部分で確実にくわえる。締め、ゆるめは、柄の端に持ちかえて行う。
※強い締め、ゆるめは頭部の向きに注意して行う。

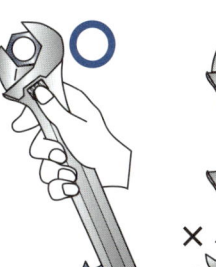

下あご
下あごの方向に回す

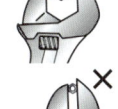

ボルト、ナットを口先でつかんで回すと、モンキーレンチがはずれる危険がある。また、すき間があるとボルト、ナットが削られる。

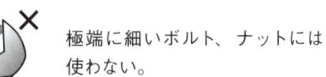

極端に細いボルト、ナットには使わない。

ハンマ代わりに物をたたいてはいけない。工具が変形したり、破損したりすることがある。

資料提供：新潟県作業工具協同組合

6・作業工具

115

# 6-4 接続する工具と金具

　電気工事で複数の電線を接続するために使用する工具や金具が多くあります。圧着による接続と半田による接続作業と使用工具の例を図6-4-1～図6-4-3に紹介します。

### ●圧着による接続

　リングスリーブ（②）に接続する被覆を剥いた電線を差し込み、圧着ペンチ（①）で圧着します。リングスリーブから飛び出ている電線は③のようにニッパーで切断します。

図 6-4-1　圧着ペンチとリングスリーブ

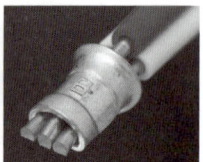

写真提供：ホーザン株式会社

図 6-4-2　リングスリーブから飛び出た電線の切断

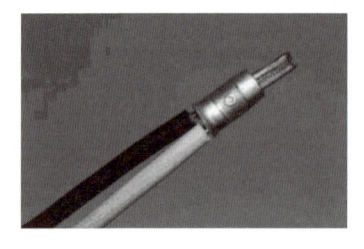

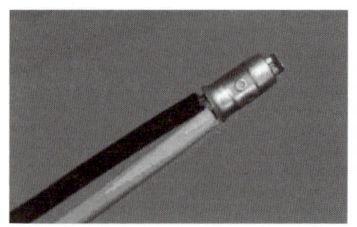

写真提供：「電気工事士受験対策ネット」ホームページ

## ●半田付けによる接続

　2本のケーブルの電線を接続するときには被覆を剥いだ電線をお互いに巻きつけた上から半田付けします。次に絶縁テープで半田付けした接続点を電線の被覆と同じ厚みになるまで巻きつけて保護します。半田付けするのは電線の表面が酸化して接触不良が発生するのを防ぐためです。図6-4-3に2本のケーブルの直接接続例を示します。

**図6-4-3　ケーブルの直接接続と半田こて製品の例**

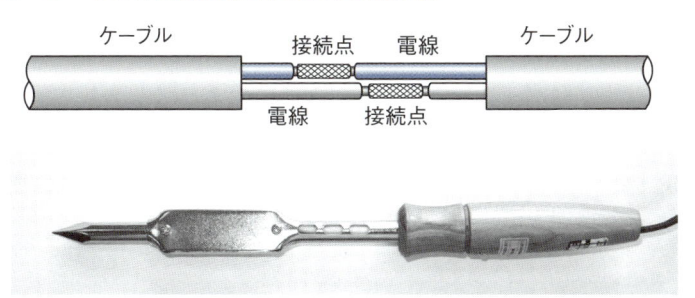

写真提供：株式会社石崎電機製作所

## Column
### 半田の歴史

　3000年以上前の古代エジプト時代の出土品の装飾品に半田付けをしたものがみられるとのことです。ギリシア・ローマ時代の水道配管工事には鉛管が使用され、半田付けをした記録も残されています。日本では、平安時代の文献に半田付けの記載があります。

　半田の語源は、宮城県伊達郡にあった半田銀山から半田の原料となる鉛が採掘されていたことに由来するという説がありますが定かではありません。半田銀山は、1950年に閉山しています。

　現在ではRoHS指令により半田の鉛の量が0.1％以下に規制されています。そこで鉛フリー化が進み、錫が50～60％、残りの成分は溶融温度、強度等の要求仕様により配合が異なり銀、銅、亜鉛等の合金となっています。

# 6-5 叩く工具

電動ドライバーが普及し、ねじを使うことが多くなり釘を使うことが減ってきました。しかし、叩く相手に適した多くの叩く工具があります。図6-5-1に示す①～⑦の工具について以下に紹介します。

・玄能
釘を打ち込むときは平面で打ち込み、凸面で仕上げます（①）。地方により両頭の形状により丸玄能、四角玄能、八角玄能等のよび名があります。

・金槌
釘を打ち込む、抜き取る、曲げる等の作業をするときに使います（②）。先端の形状には丸型や角型等があり、打面に滑りとめの溝が刻まれているものもあります。

---

## Column
### 作業工具の正しい使い方②

【ペンチ】SIDE CUTTING PLIER

**特徴**
釘や針金を切る工具。線材や薄板、小さい部品をつかんだり曲げたりする特徴を持っており、針金細工、板金細工に適している最もポピュラーな工具のひとつ。

- くわえ部（線や薄板をつかむときに使う）
- 刃（線を切るときに使う）
- あご部（刃で切る前にコードをあらかじめ砕くとき等に使う）

線は刃の中央から奥のほうで切る。柄の端に近いほうを握ると、より強い力で切られる。

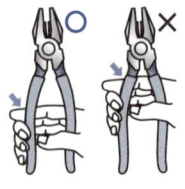

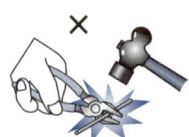

線を縦位置でくわえると作業しやすい。

線材をペンチではさみ、上からハンマでたたくと、ペンチのかしめ部がゆるみ、刃を損傷することがあるので避ける。

資料提供：新潟県作業工具協同組合

・**石頭ハンマー(セットハンマー)**

コンクリート、ブロック、石材等をハツるときや割り作業をするときにタガネの頭を叩いて使います(③)。

・**各種ハンマー**

叩く工作物に損傷を与えないプラスチック製頭部のハンマー(④)、頭部が左右対称な両口ハンマー(⑤)、柄の先端にボルトやナットを回すレンチが付いたハンマー(⑥)、くぎ抜きの付いたネイルハンマー(⑦)等、目的に合わせた各種ハンマーがあります。

**図 6-5-1　いろいろなハンマー**

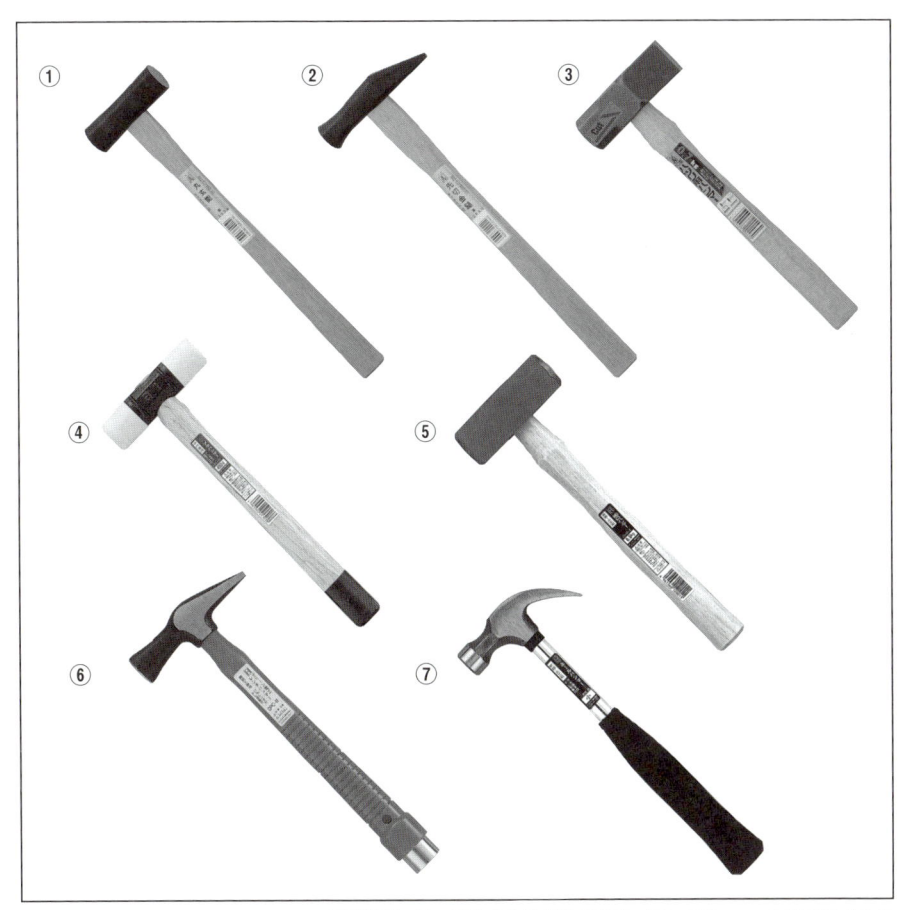

写真提供：①～③株式会社須佐製作所／④～⑦オーエッチ工業株式会社

# 6-6 管工事に関する工具

　樹脂管や金属管を配管するときには設計図と現場に合わせて切ったり、曲げたり、ねじを切ったりする等の工具を使った作業が発生します。図6-6-1と図6-6-2に示す①〜⑩の工具について以下に紹介します。

・ウオーターポンププライヤー
　パイプの径に合わせてスプリットジョイントをずらしてパイプをくわえ込んでパイプを回します（①）。工事現場では「アンギラ」ともよばれています。
・パイプレンチ
　調整用の丸ナットを回してパイプやカップリングの径に合わせてパイプレンチ本体と上あごの間に挟み込み、ハンドルを持って回しながら締め付けたりゆるめたりします（②）。
・パイプバイス
　パイプを両側から挟みこんで固定し、切断、ねじ込み等の作業をしやすくします（③）。
・金属管パイプカッター
　金属管をパイプバイスで固定し、パイプを挟み込み、ハンドルを握ってパイプの外周を回転させながら切り込んでいきます（④）。
・樹脂管パイプカッター
　塩化ビニル電線管等の樹脂管をがぶりと挟み込んで切り落とします。切りくずやバリが出ず、きれいな切り口に切断できます（⑤）。

### 図 6-6-1　いろいろな管工事工具 -1

①

②

③

パイプバイスの使用例

④

⑤

樹脂管パイプカッターの使用例

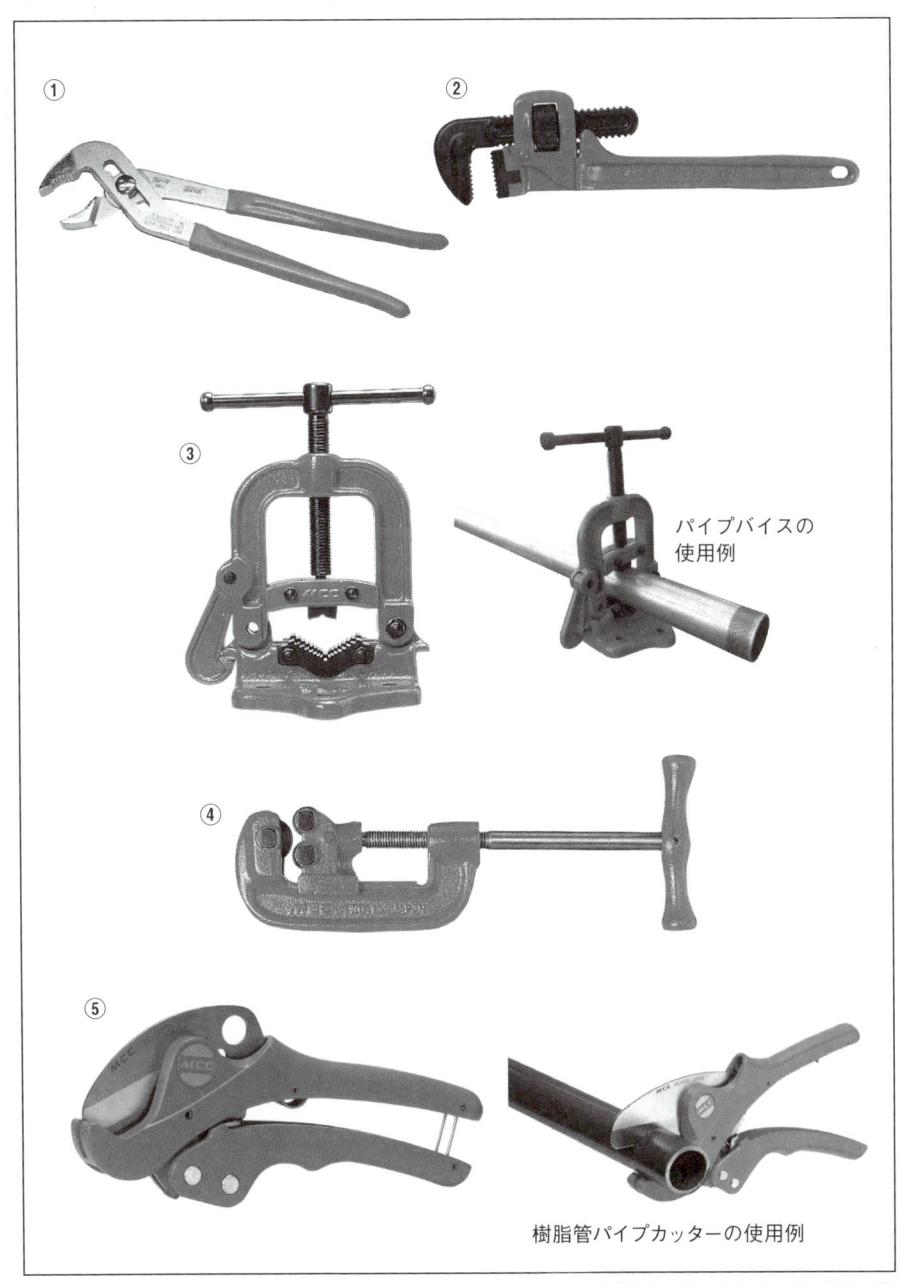

写真提供：①〜⑤株式会社松阪鉄工所

・面取器(ハンドリーマー)

面取り器を樹脂管の切断面に当てがい、手で回転させながらバリを落としていきます(⑥)。

・パイプねじ切り器

薄鋼電線管のねじを切る位置を刃で挟み込み、手でハンドルを回転させてねじを切ります(⑦)。

・パイプベンダー

金属管をてこの原理を使って両手でハンドルをにぎって人力で曲げるのが手動式パイプベンダーです(⑧)。油圧の力で曲げるのが油圧式パイプベンダーです(⑨)。チューブベンダーともよばれています。

・ガストーチランプ

塩化ビニル電線管等の樹脂管の曲げる個所をガストーチランプ(⑩)の炎で温め、柔らかくしながらゆっくりと曲げていきます。以前はガソリン式トーチランプも使われていましたが、現在ではガスボンベ式のトーチランプが使われるようになっています。

図 6-6-2　いろいろな管工事工具 -2

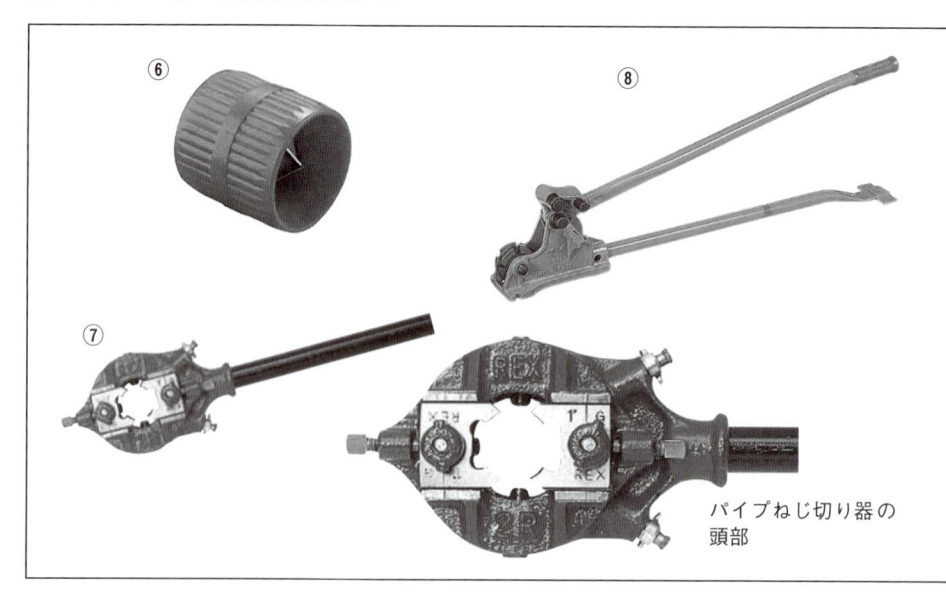

# Column
## 作業工具の正しい使い方③

### 【プライヤー】SLIP JOINT PLIER
**特徴**
しっかりと物をつかむ機能、やや大きな物をつかんで回す機能、針金を切る機能の3つの機能を持っている。ビスの移動によって大きさの異なる物をつかみやすくできる。

- 小さい物をつかむ刃
- 大きい物をつかむ刃
- 針金を切る刃
- 口の開きを2段階に変えられる(ビスの位置を切り替える)

- ●太いパイプ等のつかみ方 ○
- ●細い丸棒等のつかみ方 ○
- ●針金をはさんで柄を握ると切れる ×
- ●太いパイプ等の悪いつかみ方 ×

資料提供:新潟県作業工具協同組合

⑨

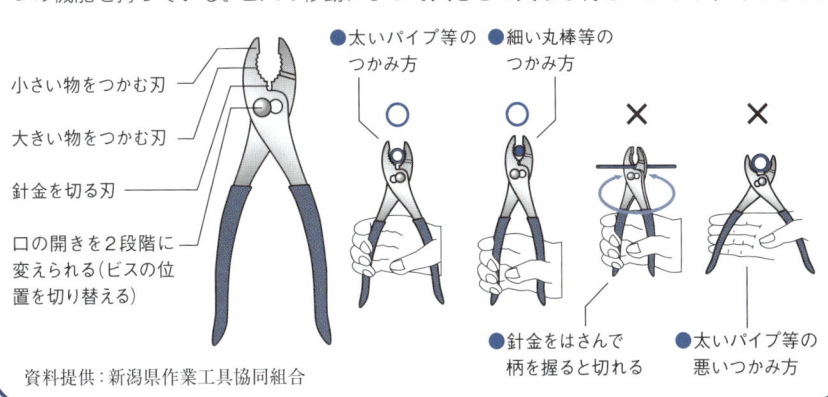

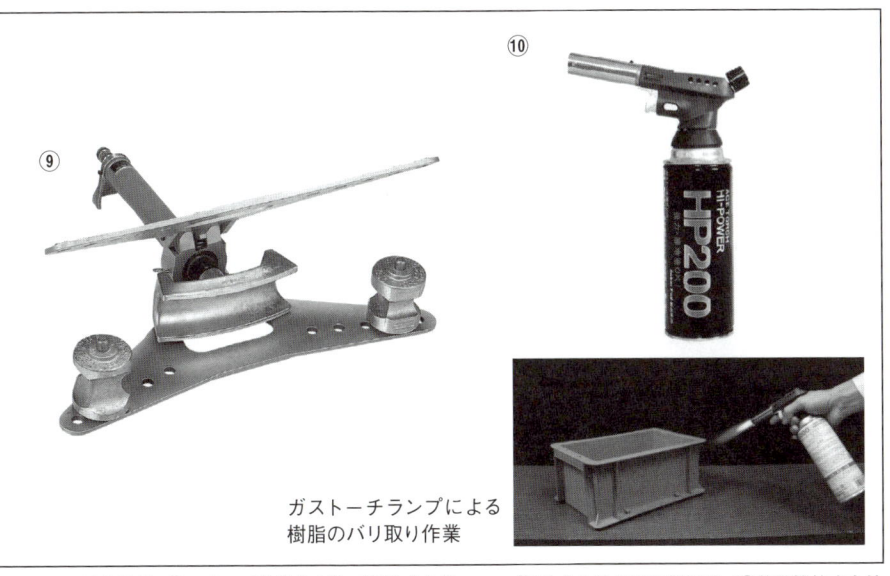

⑩

ガストーチランプによる樹脂のバリ取り作業

写真提供:⑦レッキス工業株式会社/⑧株式会社エスコ/⑨株式会社泉精器製作所/⑩榮製機株式会社

## 6-7 身を守る装備

作業現場にはいろいろな危険が潜んでいます。図6-7-1と図6-7-2の①〜⑪に示す身体を守ってくれる工具や装備について以下に紹介します。

・ヘルメット
　落下物等から頭を守るのがヘルメット（①）です。大きな衝撃が加わったヘルメットは強度を保証できなくなるので再度使えません。

・安全靴
　つま先が金属のアーチ構造になっていて鉄棒等が転倒して指先に落ちてきたときや重量物を持ち上げて指先を挟んでしまったときに守ってくれるのが安全靴です（②）。いろいろな職場、現場に適した安全靴があります。

・防じんマスク
　　粒子状物質（粉じん、ヒューム、ミスト等）が発生する現場で作業するときに、口及び鼻からの有害物質の侵入を防いでくれるのが防じんマスクです。（③）。

・保護めがね
　飛散物や薬液飛沫、粉じんが漂っている現場で作業をするときに目の周りへ塵の侵入を防止して守ってくれるのが保護めがねです（④）。

・イヤーマフ・耳栓
　大騒音の近くで作業するときに難聴になるのを防いでくれるのがヘッドホーンの形状をした防音保護具や耳栓です（⑤）。

・安全帯
　高所作業で落下のおそれがあるときに作業場所の近くにある金具にフックを引掛けておくと万が一のときに落下のショックをやわらげます（⑥）。

・ウェストサポーター
　重量物を持ち上げ、運搬するときに腰を守ってくれるのがウェストサポーターです（⑦）。腰痛が悪化するのも防いでくれます。

### 図 6-7-1　いろいろな身を守る装備 -1

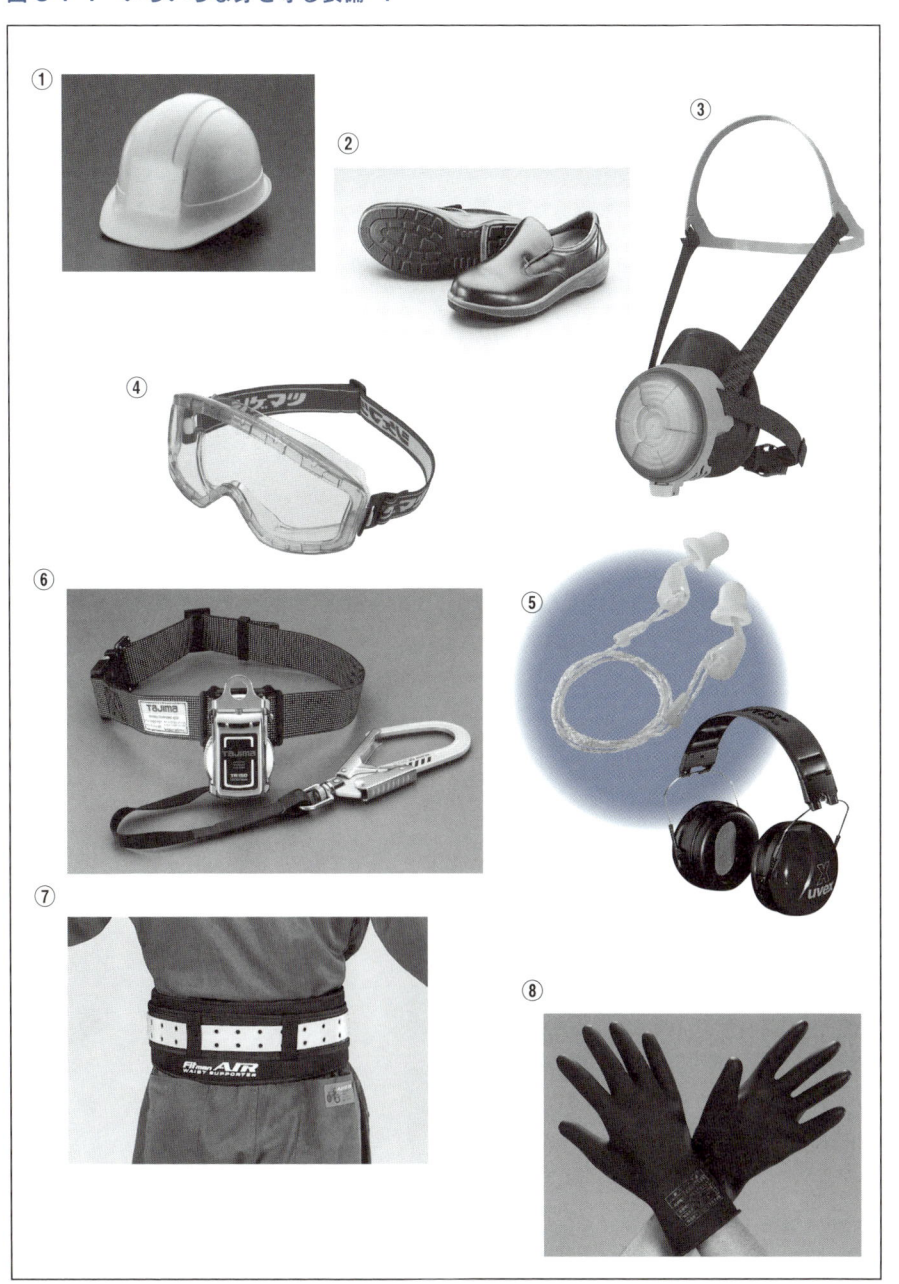

写真提供：①②⑥⑦⑧株式会社エスコ／③④⑤株式会社重松製作所

・低圧用感電防止手袋

600V以下の活線作業や活線付近の作業における感電事故を防止するための保護用ゴム製手袋です（⑧）。ゴム手袋を傷つけないための人工皮革の保護カバーも用意されています。

・短絡を防止する絶縁工具

通電している部分を作業するときに短絡を防止するために金属部を被覆して絶縁をした工具が用意されています（⑨）。

・作業服

手を動かしやすく働きやすいのが作業服です。筆記用具等を入れるポケットも充実しています。

作業内容に応じて保護する場所をガードした作業ズボンがあります。また、帯電防止処理を施したものもあります（⑩）。

・腰道具袋

現場では多くの作業工具を使います。工具が落下してしまうと衝突したところを破損させたり、他の作業者にあたって負傷させてしまうおそれがあります。このようなことを防ぎ多くの作業工具を装着できるのがベルト形状の腰道具袋です（⑪）。

図6-7-2　いろいろな身を守る装備-2

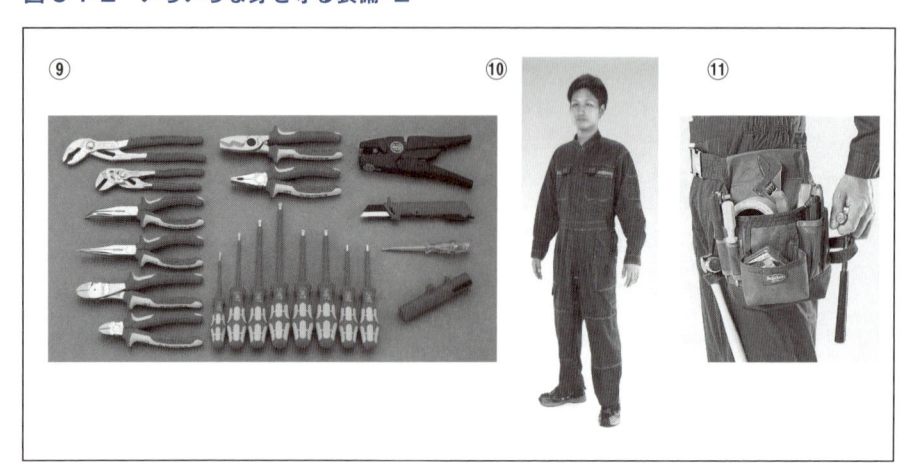

写真提供：株式会社エスコ

# 第7章

# 竣工検査と測定器材

この章では竣工検査で使用する絶縁抵抗計、接地抵抗計を中心に回路計、長さや角度の測定器、墨出し作業機器についても説明していきます。

# 7-1 竣工検査

　電気工作物の施設に不適切なところがあると漏電、感電、電気火災等が発生するおそれがあります。そこで電気事業法では、電力会社に対して電気を供給する一般用電気工作物が技術基準に適合しているか調査する義務を課しています。調査を行うのは電力会社が委託した調査機関になります。

● 検査の種類

　調査とは検査のことであり、以下の種類があります。

【竣工検査】
　一般用電気工作物が新設されたときと増設や改修が完成したときに行います。新増設検査ともよばれています。

【定期検査】
　現在使用中の電気工作物の安全が引き続き保っていけるかどうかを定期的に検査します。安全点検ともよばれています。その内容例を表7-1-1に示します。原則として4年に1回行います。

表7-1-1　主な安全点検の内容

| | |
|---|---|
| 問診 | 居住者との対話を通じて電気設備の異常の確認や電気安全・省エネルギー等の相談、アドバイスを行う |
| 屋外の点検 | 屋外配線の状態や門灯等屋外にある電気設備を点検する |
| 漏電の有無の測定 | 屋外配線付近で、漏えい電流を調べ漏電の有無を確認する |
| 屋内の点検 | 希望により屋内配線や使用している電気器具類等の状態を点検する |
| 分電盤の点検 | 分電盤の外観やブレーカ類の状態、破損や過熱、接続のゆるみ等の点検や、状況に応じて漏電の有無の測定を停電して行う |

**【臨時検査】**

漏電等の異常が発生したときや雨漏りが発生して電気工作物に水がかかったり、電気工作物が浸水したような場合、臨時に検査を行います。

## ●竣工検査の手順

竣工検査の内容を順に説明します。

### (1) 目視点検

電気用品安全法に適合した配線材料、配線器具、電気機器が使われているかと電気設備技術基準およびその解釈に適合するように施工されているかを目視で点検します。

### (2) 絶縁抵抗の測定

電気設備技術基準に適合する絶縁抵抗値以上になっているかどうかを、絶縁抵抗計を使って測定します。

### (3) 接地抵抗の測定

電気設備技術基準に適合する接地抵抗値以下になっているかどうかを、接地抵抗計を使って測定します。

### (4) 導電試験

通電しない状態で配線の接続に誤りはないか、断線はないかを確認したり、配線器具への未接続がないかを、導通試験器や回路計を使って試験します。

### (5) 通電試験

実際に配線に通電し、電気機器が正常に動作するか試験します。また、回路計や電圧計を使って電圧を測定します。試送電ともよびます。

図7-1-1に竣工検査の順序を示します。絶縁抵抗の測定と接地抵抗の測定は順序を入れ替えてもかまいません。

**図7-1-1 竣工検査の順序**

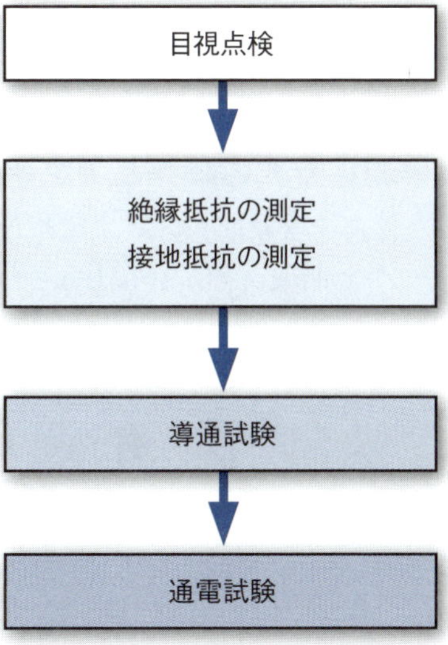

目視点検
↓
絶縁抵抗の測定
接地抵抗の測定
↓
導通試験
↓
通電試験

# 7-2 絶縁抵抗の測定

絶縁物に電圧を加えたときに流れる電流が「漏えい電流」です。印加電圧を漏えい電流で割った値を絶縁抵抗といいます。絶縁抵抗が低いと漏えい電流が多くなり、感電や電気火災の原因となります。

## ●絶縁抵抗値

300V以下の低圧電路では開閉器で区切られる電路ごとに表7-2-1に示す絶縁抵抗値を守ることが「電気設備の技術基準の解釈」に定められています。

表7-2-1　低圧電路の絶縁抵抗値

| 電路の使用電圧の区分 | | 絶縁抵抗値 |
| --- | --- | --- |
| 300V以下 | 対地電圧(接地式電路においては電線と大地間の電圧、非接触式電路においては電線間の電圧をいう)が150V以下の場合 | 0.1MΩ以上 |
| | その他の場合 | 0.2MΩ以上 |
| 300Vを超えるもの | | 0.4MΩ以上 |

## ●測定方式の種類と測定手順

接地式電路における絶縁抵抗の測定手順は以下のようになります。
①開閉器は開の状態にしておく。
②ランプ類は灯具に取り付けたままにしておく。
③コンセントに差し込まれているプラグはそのままにしておく。
④絶縁抵抗計のL側リード線は電路の片側に、E側リード線は接地極に接続して測定する。

**図7-2-1　接地式電路における絶縁抵抗の測定**

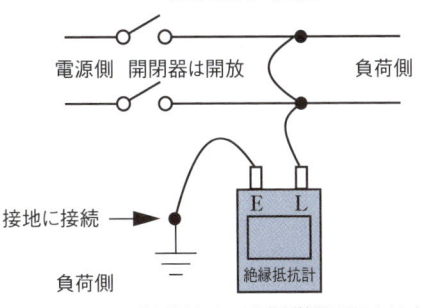

コンセントに差し込まれている負荷側機器はそのままとする。
器具に装着されている負荷機器はそのままとする。

**図7-2-2　非接地式電路における絶縁抵抗の測定**

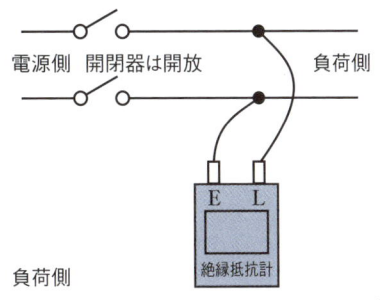

コンセントに差し込まれている負荷側機器はプラグをはずす。
器具に装着されている負荷機器ははずす。

また、非接地電路における絶縁抵抗の測定手順は以下のようになります。
① 開閉器は開の状態にしておきます。
② ランプ類は灯具からはずしておきます。
③ コンセントに差し込まれているプラグは抜いておきます。
④ 絶縁抵抗計のリード線を電路の両側に接続して測定します。LとEのリード線をどちらの電路に接続するかの区分けはありません。

**図7-2-3　絶縁抵抗計の例**

DM1008S
写真提供：三和電気計器株式会社

絶縁抵抗計は、測定時に高電圧を印加しています。電子回路を内蔵している電気機器では高電圧で記憶素子の内容がリセットされたり、電子素子が劣化したり、破壊したりするおそれがあるので絶縁抵抗計を使って絶縁抵抗を測定することができません。このような場合には対象となる使用中の電気機器の電路からの漏えい電流を1mA以下に保つことが「電気設備の技術基準の解釈」に規定されています。漏えい電流についてはリーククランプメーター、IOR測定器等で測定が可能です。

# 7-3 接地抵抗の測定

## ●接地の目的と接地抵抗値

　機器を接地することにより感電、漏電等の事故を防いだり、機器の動作を安定化したり、電磁ノイズを低減したりすることができます。そこで「電気設備の技術基準の解釈」では機器の電圧により接地の種類とその接地抵抗値と接地線の太さ等を規定しています。工事した接地極がこの値を満たしているかどうかを接地抵抗計で測定する必要があります。表7-3-1に接地工事の種類と接地抵抗値を示します。

表 7-3-1　接地工事の種類と接地抵抗値

| 接地工事の種類 | 接地抵抗値 | 接地線の太さ | 電圧の種別による機器 |
| --- | --- | --- | --- |
| A 種接地工事 | 10Ω以下 | 直径2.6 mm以上 | 高圧用または特別高圧用の機械器具の鉄台および金属製外箱 |
| B 種接地工事 | 計算値* | 直径4 mm以上 | 高圧または特別高圧の電路と低圧電路とを結合する変圧器の低圧側の中性点（中性点がない場合は低圧側の1端子） |
| C 種接地工事 | 10Ω以下 | 直径1.6 mm以上 | 低圧用機械器具の鉄台および金属製外箱（300Vを超えるもの） |
| D 種接地工事 | 100Ω以下 | 直径1.6 mm以上 | 低圧用機械器具の鉄台および金属製外箱（300V以下のもの。ただし、直流電路および150V以下の交流電路に設けるもので、乾燥した場所に設けるものを除く） |

＊計算値は、電気設備の技術基準の解釈　第17条表17-1によります。

## ●3極法と2極法

　接地抵抗計を使った接地抵抗の測定には、補助接地棒を2本使う3極法と接地棒を使わない簡易法ともよばれている2極法があります。

【3極法の測定手順】

　測定対象となる接地極と2つの補助接地棒の3つの接地を使って測定する測定法です。次に測定手順を示します。

①測定対象となる接地極から一直線上に5〜10ｍ離して補助接地棒を2本打

ち込みます。
②端子 E、P、C の順にリード線で測定対象の接地極、補助接地棒を接続して測定をします。図7-3-1に3極法の接地抵抗計の端子と各接地との接続を示します。

**図7-3-1　3極法の接地抵抗測定**

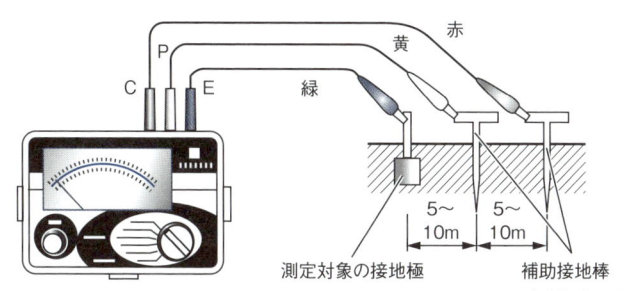

資料提供：共立電気計器株式会社

### 【2極法(簡易法)の測定手順】

補助接地棒を打ち込めないときに測定対象となる接地極と金属製の水道管や商用電源の接地の2極を使って測定する簡易な測定法です。
① P 端子とC 端子を短絡したリード線を分電盤内の中性線や金属製の水道管を使っている蛇口等に接続します。
② E 端子のリード線を測定対象の接地極に接続して測定します。図7-3-2に2極法の接地抵抗計の端子と各接地との接続を示します。

接地抵抗計の指示値Reは、測定対象の接地極の抵抗値Rxと補助接地極の抵抗値reの和となりますのでRxはReよりreを差し引いた値になります。

**図7-3-2　2極法の接地抵抗測定**

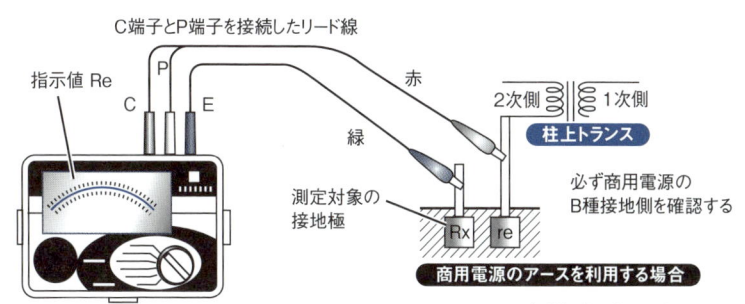

資料提供：共立電気計器株式会社

## 7-4 回路計による電圧、電流等の測定

　電気回路や電子回路の直流と交流の電圧や電流、抵抗等を、スイッチを切り替えることにより測定することができるのが回路計です。メーターの針が振れた角度で測定値を示す指針型とLEDや液晶の表示器に数値で表示するデジタル型の2種類に分けることができます。導通をブザー音で知らせる機能を内蔵したもの、電池の残量を測定できるもの、コンデンサの容量を測定できるもの等の機能を備えた製品もあります。また、電線を挟み込んで測定ができるクランプメーターがあります。図7-4-1に示す①〜③の回路計について以下に紹介します。

### ●表示方式による回路計の種類

**【指針型回路計(アナログマルチメーター)】**

　指針型回路計では測定値をメーターの針の振れ角度で表示します。針の背面にある目盛板から測定値を読み取りますので読み取られる値には個人による差が含まれ、誤差が生じます。背面にミラーを配して鏡に写る指針像と実際の指針が一致した背面の目盛を読み取るようにして読み取りの個人差を小さくするようにした製品もあります。

**図7-4-1　いろいろな回路計**

①指針型回路計の例　TA55
②デジタル型回路計の例　CD800a
③デジタル型クランプメーターの例　DCL30DR

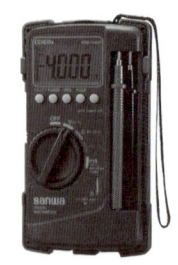

写真提供：三和電気計器株式会社

数値を読み取ることなく、針の動きで直観的に導通状態がチェックできるので指針型回路計を好んで使っているケースもあります。図7-4-1①に、右側にあるつまみで針の0位置を調整できる指針型回路計の外観を示します。

**【デジタル型回路計（デジタルマルチメーター）】**
　デジタル型回路計ではアナログの測定値をADコンバータでデジタルに変換して数値を液晶やLEDの表示器に表示をします。数値で表示されるので個人による読み取り誤差が生じません。測定値の大小をバー表示して直観的に把握できる機能を持った製品もあります。②に作業着の胸ポケットに入れて持ち歩ける小型のデジタル型回路計の外観を示します。

**【クランプメーター】**
　電流の測定を回路計では電線の測定箇所を切断し、その両端にテスター棒をあてて測定します。電線を切断することなく電線を挟んで（クランプして）電流を測定することができるのがクランプメーターです。③にデジタル表示型のクランプメーターの外観を示します。

## Column
### 接触と非接触

　測定対象に回路計の測定棒を接触して電圧を測定することは、測定前の回路動作条件と異なってくるので真の回路動作電圧と多少違ってくることがあります。
　回路計を使った電流測定では電線を分断した両端に回路計の測定棒を接触して直列接続して測定しますので真の回路動作電流と多少違ってくることがあります。そこで回路計で測定された値は接触して生じた誤差を勘案してみることが求められます。
　一方、クランプメーターでは測定部が開閉して電線を挟み込んで電流を測定するので電線を分断する必要なく非接触で測定できます。
　ホール素子を使っている検電器では電気が流れているか否かを非接触で検電できます。一方、ネオンランプを使っている検電器では電線に接触してネオンランプが点灯するか否かで検電できます。この場合は値の測定ではないので誤差はありません。

**図7-A　接触測定のネオン検電器（右）と非接触測定のホール素子検電器（左）**

写真提供：三和電気計器株式会社　　　写真提供：株式会社エンジニア

# 7-5 長さや角度を測定する工具や道具

　電気工事でも長さの測定は必要不可欠なのでさまざまな工具や道具があります。身近な文房具には定規、三角定規等があります。大工道具としては直尺、指矩、スコヤ、コンベックス等があります。電工作業で電線の直径や機器の寸法を測る工具にはノギスやマイクロメーター等があります。図7-5-1に示す①～⑦の長さや角度の測定工具について以下に紹介します。

### ・直線の長さを測る工具や道具
　直線の長さを測ったり、線を引くのに使われるのが定規、直尺、巻尺、コンベックス等です。材質には温度や湿度で伸縮の少なく、劣化に強いステンレス、アルミニウム、竹、ファイバー等が使われています。図7-5-1①にステンレス製で150mmの直尺を、②にファイバー製の折尺を、③に5.5mのコンベックス、④に30mの巻尺を示します。

### ・指矩（指金、曲尺）
　直角や、直角の縦と横の寸法を測れるようにしたのが大工道具の指矩（さしがね）です。指金、曲尺ともよばれています。

### ・スコヤ
　直角を確認するための工具がスコヤです（⑤）。目盛入りのものもあります。

### ・マイクロメーターとノギス
　電線や板の厚みを精度よく測れるのがマイクロメーター（⑥）やノギス（⑦）です。デジタルの表示機能を備えた製品もあります。

### 図7-5-1 長さ、角度を測るいろいろな道具

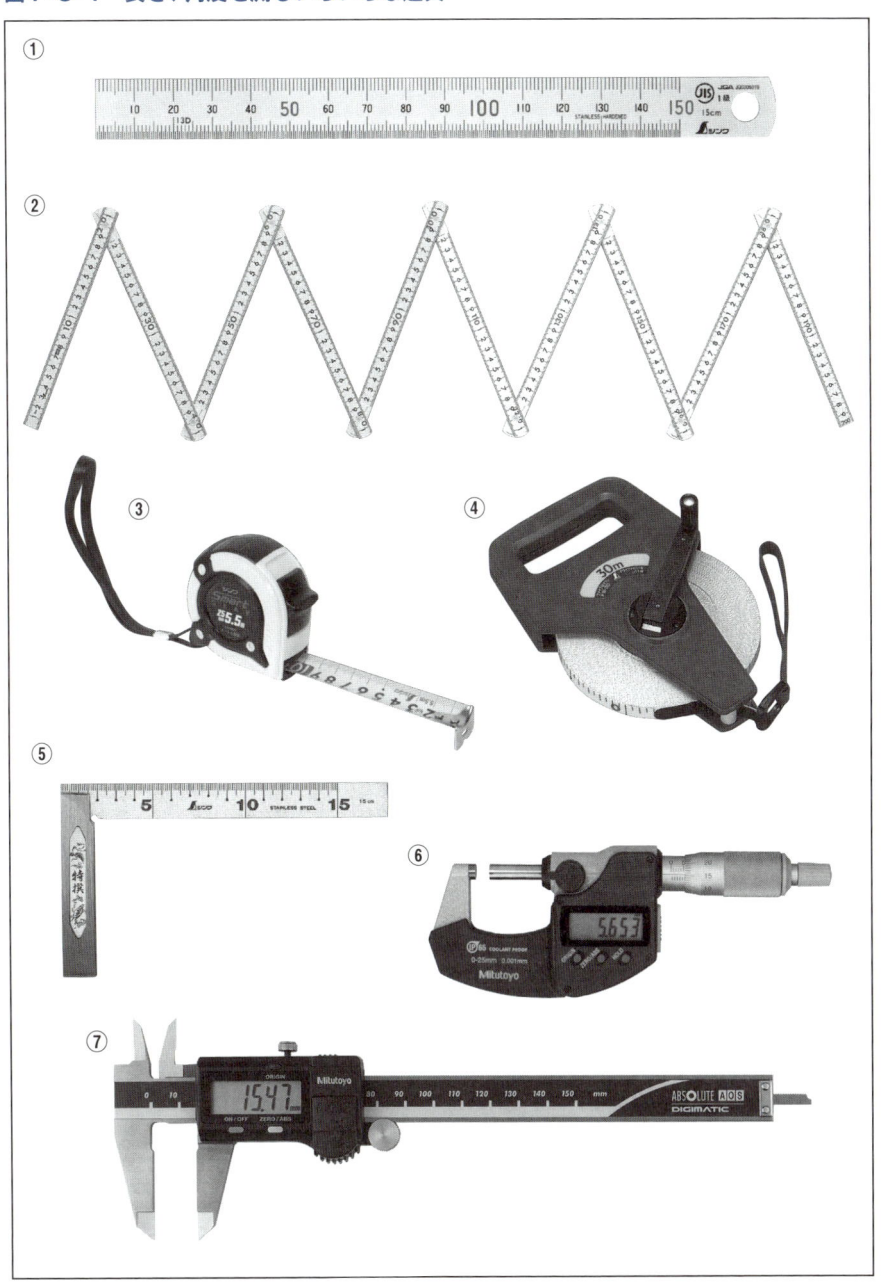

写真提供：①〜⑤シンワ測定株式会社／⑥⑦株式会社ミツトヨ

7．竣工検査と測定器材

# 7-6 墨出し作業用器材

　電気工事において水平、垂直の線を引く作業は、配線器具や照明器具の取り付け位置精度を決め、施工の見栄えを左右します。ひと昔前には墨壺から引き出した墨糸を弾いて線を引いていましたので現在でもこの作業は「墨出し」とよばれています。

## ●チョークラインとレーザー墨出し器

　現在では墨に代わって使い勝手のよいチョークの粉を入れたチョークラインを使って線を引くことが多くなっています。いろいろな色のチョークの粉が用意されているので色を使い分けて線を引くことができます。図7-6-1にチョークラインを使って線を引く作業を示します。自動巻き取りが付いているチョークラインでは線が引き終わった後にカルコの針が刺さらないように注意して巻き取ります。

　また、レーザー墨出し器ではまず基準となる壁面の点の高さや距離を出します。その点にレーザー光線によるラインを合わせます。ラインを追ってほかの壁面の高さや位置に印を付けます。図7-6-2にレーザー墨出し器とレーザー光線によるラインを示します。

**図7-6-1　チョークライン**

写真提供：原田幹治

**図7-6-2　レーザー墨出し器とレーザー光線によるライン**

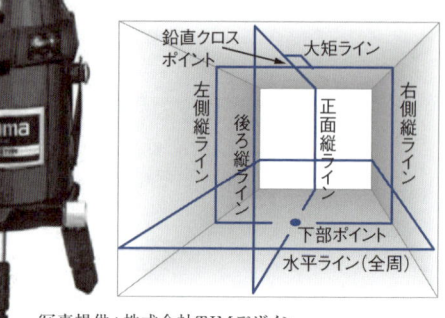

写真提供：株式会社TJMデザイン

# 第8章

# 配線回路の設計

この章では引込口配線、幹線配線、分岐回路配線の設計ポイントを中心に
コンセントから先の安全設計や小勢力回路配線についても説明していきます。

# 8-1 引込口配線の設計

電柱の配電線から建造物内の分電盤までの配線は、引込線と引込口配線に分けられます。以下にいろいろなルートを通って施設される引込線と引込口配線について説明します。

## ●直接引込配線

電力会社からの電気供給が電柱と需要家の建造物との間に張られた架空線に架空されている引込線と呼ばれている電線を通して行われるのが図8-1-1に示す直接引込配線です。

引込線は引込線取付点で引込口配線に接続されます。引込線は電力会社の所有物、引込口配線

図8-1-2 資産分界表示の例

図8-1-1 電柱からの直接引込配線例

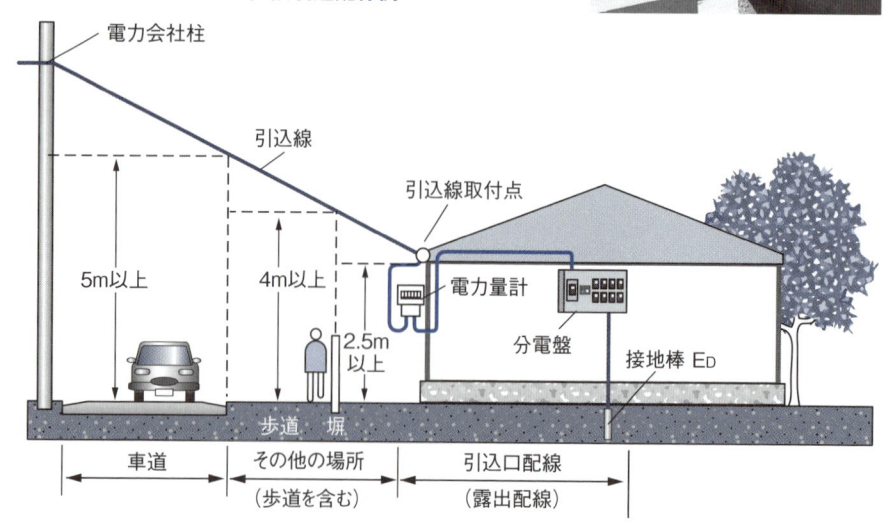

からは需要家の所有物になるので引込線取付点で接地側の電線に引込分界チューブを図8-1-2に示すように取り付けて電力会社と需要家の資産分界表示をしています。

引込線の基準となるところからの高さは以下のように決められています。
(1) 道路を横断するとき：路面から5m 以上
(2) 鉄道や軌道を横断するとき：レール面から5.5m 以上
(3) 横断歩道橋の上を通過するとき：歩道橋の路面から3m 以上
(4) その他の場所：地表から4m 以上
(5) 建造物の引込線取付点：2.5m 以上
　・電力量計の取付高さ：1.8m 以上2.2m 以下

## ●引込柱を使った引込口配線

最近は自前で施設した引込柱に引込線取付点を設けて、ここから家屋内までの引込口配線を地下埋設して隠ぺい配線してしまう例が増えています。引込柱から家屋内への引込口配線を地下埋設にした例を図8-1-3に示します。

**図8-1-3　引込柱からの引込口配線例**

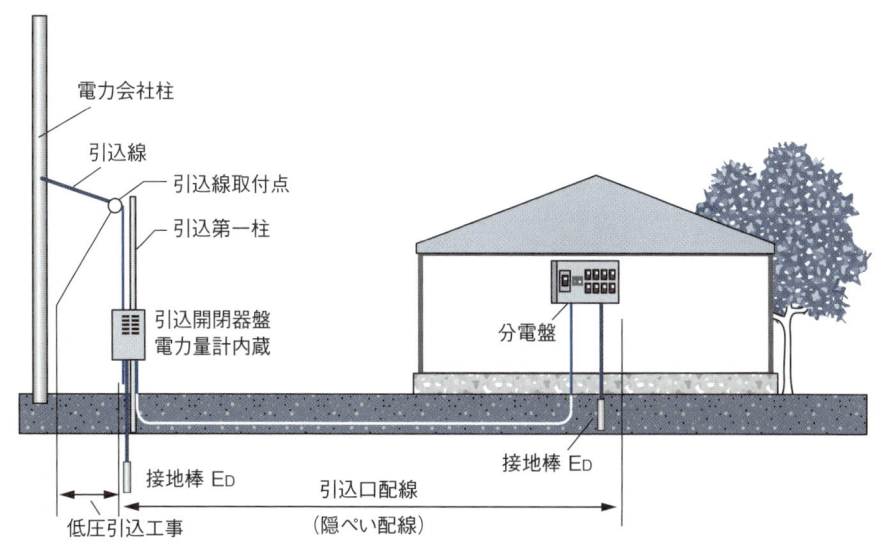

# 8-2 幹線の設計

　分電盤から各分岐回路まで配電するのが幹線回路です。分電盤内に設置する幹線回路の過電流遮断器の容量は各分岐回路の合計容量と負荷の特性とその値を加味して設計されます。

## ●幹線ケーブルの許容電流

　幹線ケーブルの許容電流を求める手順を図8-2-1の幹線と分岐回路を例にとって説明します。

(1) 電動機のように始動時に大きな電流の流れる負荷 $M_1$ と $M_2$ の定格電流を $I_{M1}$ と $I_{M2}$ とします。負荷の合計定格電流 $I_M$ は次の式で求まります。

$$I_M = I_{M1} + I_{M2}$$

(2) 電熱コンロのように始動時に大きな電流が流れない負荷 $H_1$ と $H_2$ の定格電流を $I_{H1}$ と $I_{H2}$ とします。負荷の合計定格電流 $I_H$ は、次の式で求まります。

$$I_H = I_{H1} + I_{H2}$$

(3) 幹線に流れる許容電流を $I_A$ とすると $I_M$ と $I_H$ の値を比較しながら次の手順で $I_A$ の値は求まります。

① $I_M \leq I_H$（始動時に大きな電流が流れる負荷のほうが小さい場合）

$$I_A \geq I_M + I_H$$

② $I_M > I_H$（始動時に大きな電流が流れる負荷のほうが大きい場合）

$I_M \leq 50A$ の場合には③、$I_M > 50A$ の場合は④になります。

③ $I_A \geq 1.25 I_M + I_H$

④ $I_A \geq 1.1 I_M + I_H$

**図8-2-1　幹線と分岐回路の例**

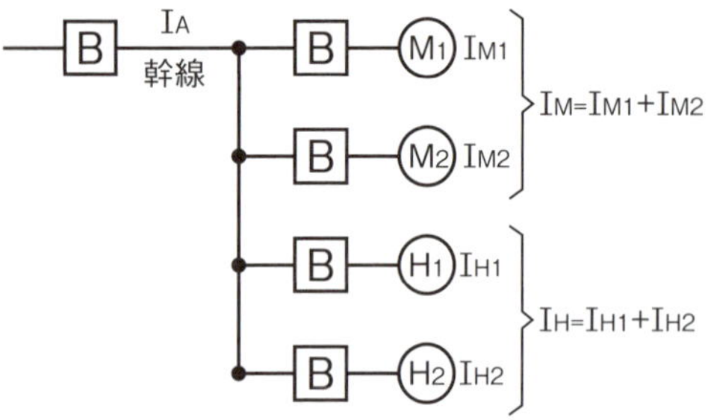

※需要率が示されているときの③、④の右辺の値は、求めた値に需要率を掛けた値とします。（需要率＝最大使用容量／負荷設備容量）

## ●幹線の過電流遮断器(主開閉器、アンペアブレーカ)の定格電流

幹線に流れる許容電流を$I_A$、電動機のような始動時に大きな電流が流れる負荷の合計電流を$I_M$、電熱コンロのような始動時に大きな電流が流れない負荷の合計電流を$I_H$とすると幹線の過電流遮断器の定格電流$I_B$は次の負荷条件により決まります。

(1) 電動機のような始動時に大きな電流が流れる負荷がない場合

$$I_B \leq I_A$$

(2) 電動機のような始動時に大きな電流が流れる負荷がある場合

① $2.5I_A \geq 3I_M + I_H$ の場合

$$I_B \leq 3I_M + I_H$$

② $2.5I_A < 3I_M + I_H$ の場合

$$I_B \leq 2.5I_A$$

## ●幹線に使う電線の最小太さ

幹線に使う電線の最小太さは、求めた過電流遮断器の定格電流$I_B$から決まります。表8-2-1のようになります。

**表8-2-1　過電流遮断器の容量と電線の最小太さ**

| 1線の最大負荷電流(A) | 幹線銅線の最小太さ(断面積) B種ヒューズ以外 | 幹線銅線の最小太さ(断面積) B種ヒューズの場合 | 定格電流容量(A) 開閉器 | 定格電流容量(A) B種ヒューズ | 定格電流容量(A) 配線用遮断器 |
|---|---|---|---|---|---|
| 20 | 3.14 mm² | 3.14 mm² | 30 | 20 | 20 |
| 30 | 5.13 mm² | 5.13 mm² | 30 | 30 | 30 |
| 40 | 8 mm² | 8 mm² | 60 | 40 | 40 |
| 50 | 14 mm² | 14 mm² | 60 | 50 | 50 |
| 60 | 14 mm² | 22 mm² | 60 | 60 | 60 |
| 75 | 22 mm² | 22 mm² | 100 | 75 | 75 |
| 100 | 38 mm² | 38 mm² | 100 | 100 | 100 |
| 125 | 60 mm² | 60 mm² | 200 | 125 | 125 |
| 150 | 60 mm² | 100 mm² | 200 | 150 | 150 |
| 175 | 100 mm² | 150 mm² | 200 | 200 | 175 |
| 200 | 100 mm² | 150 mm² | 200 | 200 | 200 |
| 250 | 150 mm² | 150 mm² | 300 | 250 | 250 |
| 300 | 200 mm² | 200 mm² | 300 | 300 | 300 |
| 350 | 250 mm² | 325 mm² | 400 | 400 | 350 |
| 400 | 325 mm² | 325 mm² | 400 | 400 | 400 |

* 内線規程3605-13表をもとに著者作成。詳細は内線規程3605-13表を参照のこと。
* B種ヒューズ:定格電流の1.3倍の電流では溶断せず、1.6倍で所定の時間内に溶断する。

# 8-3 分岐回路の設計

分岐回路は、図8-3-1に示す例のように階ごと、部屋ごと、大型機器ごと等、幹線から分岐した配線です。

図 8-3-1　分岐回路の例

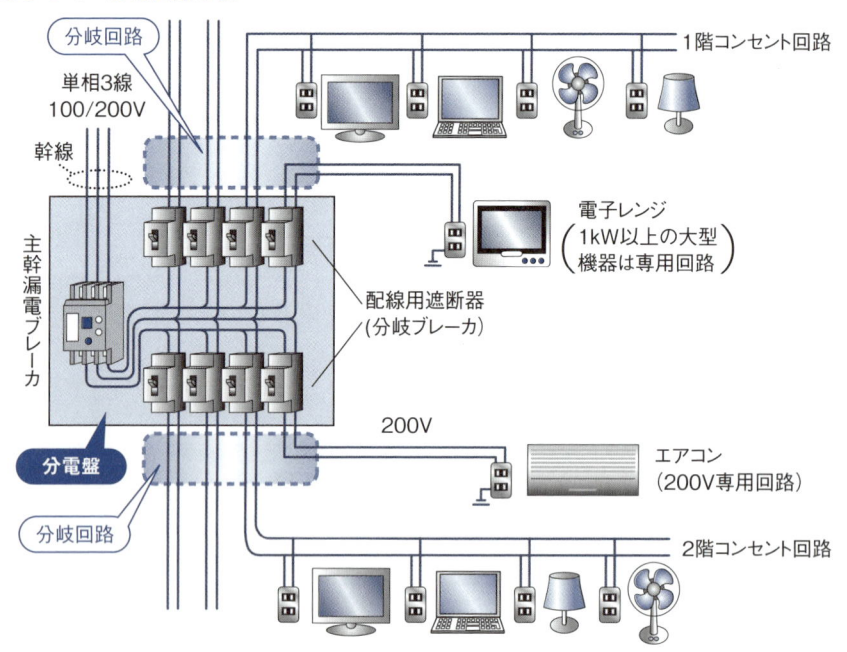

### ●配線用遮断器の施設位置

分岐回路では幹線の分岐点より3m以内に配線用遮断器を施設することが定められています。一般には幹線の分岐点と配線用遮断器が分電盤の中にあるのでこの条件を満たしています。ただし、分岐回路の許容電流が幹線の許容電流の35％なら8m以下で施設できます。また、分岐回路の許容電流が幹線の許容電流の55％なら8mを超えても施設することができます。図8-3-2に配線用遮断器の施設位置を示します。

### 図8-3-2　開閉器、過電流遮断器の施設位置

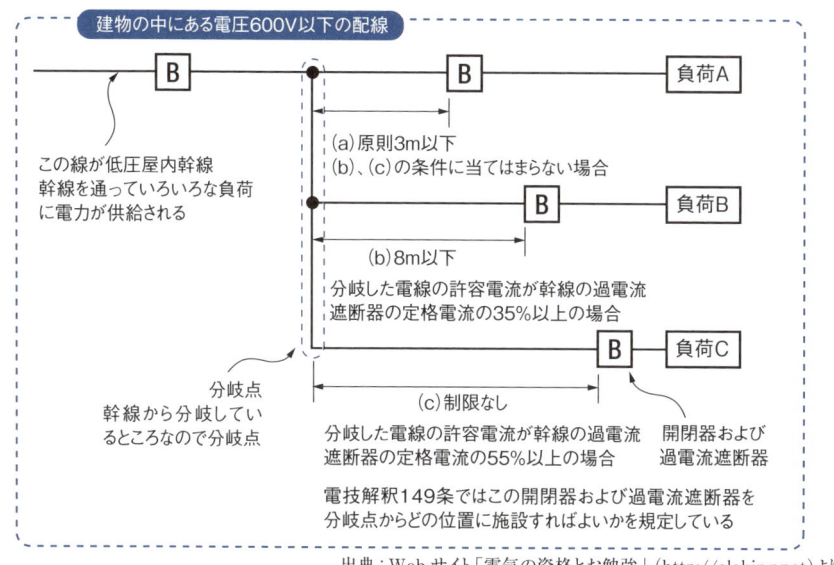

```
┌─────────────────────────────────────────────────────────┐
│         建物の中にある電圧600V以下の配線                    │
│                                                           │
│ ──[B]────────●───────[B]──────── 負荷A                   │
│              │                                            │
│ この線が低圧屋内幹線  (a)原則3m以下                        │
│ 幹線を通っていろいろな負荷  (b)、(c)の条件に当てはまらない場合 │
│ に電力が供給される                                         │
│              ●──────────────[B]── 負荷B                  │
│                                                           │
│              (b)8m以下                                    │
│                                                           │
│              分岐した電線の許容電流が幹線の過電流           │
│              遮断器の定格電流の35%以上の場合               │
│                                                           │
│              ●────────────────────[B]── 負荷C            │
│                                                           │
│   分岐点     (c)制限なし             開閉器および           │
│   幹線から分岐してい  分岐した電線の許容電流が幹線の過電流   過電流遮断器 │
│   るところなので分岐点  遮断器の定格電流の55%以上の場合     │
│                                                           │
│              電技解釈149条ではこの開閉器および過電流遮断器を │
│              分岐点からどの位置に施設すればよいかを規定している│
└─────────────────────────────────────────────────────────┘
```

出典：Webサイト「電気の資格とお勉強」(http://eleking.net)より

## ●分岐回路の種類

分岐回路は使われている分岐過電流遮断器の種類とその定格電流により表8-3-1のように分類され、電線の最小サイズが定められています。

### 表8-3-1　分岐回路の種類と最小電線サイズ

| 種類 | 分岐過電流遮断器の定格電流 | 最小電線(銅線)サイズ 分岐回路一般 | 分岐点から1つの受口(コンセントを除く)に至る部分(長さ3m以下の場合に限る) |
|---|---|---|---|
| 15A 分岐回路 | 15A以下 | 直径1.6 mm以上 | ─ |
| 20A 配線用遮断器分岐回路 | 20A(配線用遮断器に限る) | 直径1.6 mm以上 | ─ |
| 20A 分岐回路 | 20A(ヒューズに限る) | 直径2.0 mm以上 | 直径1.6 mm以上 |
| 30A 分岐回路 | 30A | 直径2.6 mm以上 | 直径1.6 mm以上 |
| 40A 分岐回路 | 40A | 断面積8 mm²以上 | 直径2.0 mm以上 |
| 50A 分岐回路 | 50A | 断面積14 mm²以上 | 直径2.0 mm以上 |

※内線規程の3605-4表と3605-6表から著者作成

# 8-4 コンセントから先の安全設計

　電気工事に従事する人が保安上守って作業せねばならない民間の規定に一般社団法人日本電気協会が制定している「内線規程」があります。この規定では関連する各種法令の内容を具体的にわかりやすく定めています。

　経済産業省の省令である「電気設備の技術基準の解釈」が2011年7月に改正されました。この改正内容と前回改訂以降の改正内容を反映して改訂した内線規程が2012年3月に発行されました。改訂前の内線規程では、屋内配線に使われている電線やケーブルを保護することに主眼がおかれていました。今回の改訂ではコンセントに差し込まれているプラグから先のコードの短絡についても保護の対象となり、コード短絡保護機能付きブレーカの使用が勧告事項になりました。コード短絡保護機能付きブレーカを採用する設計が求められるようになった背景について説明します。

## ●短絡火災事故の発生状況

　コンセントに差し込まれるプラグ付きコードではコード部分とプラグ部分で図8-4-1に示すような事故が発生しています。

　電気火災にかかわる割合を配線等、電気機器、配線器具等、電熱器、電気装置に種別して図8-4-2の円グラフに示します。東京消防庁管内では年間平均約千件の短絡、トラッキング、絶縁劣化等を原因とする電気火災が発生しています。

　各種別における短絡が原因となる短絡火災の割合を図8-4-3の棒グラフに示します。この図から配線等による電気火災のうち配線やコードによる短絡

**図8-4-1　プラグとコードの事故事例**

●コードがはさみつけられる　●熱のこもり　●内部で断線・接触　●芯線が内部で接触　●絶縁被覆が劣化・剥離

**図8-4-2 電気火災の種別比率**

- 配線等 39%
- 電気機器 35%
- 配線器具等 12%
- 電熱器 8%
- 電気装置 6%

※2004～2010年　東京消防庁管内平均

**図8-4-3 各種別の火災の中で短絡火災の占める割合**

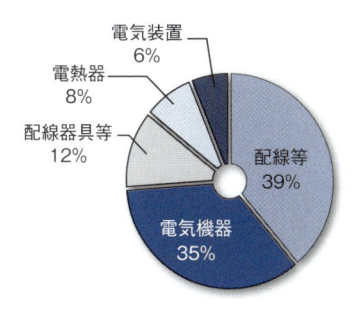

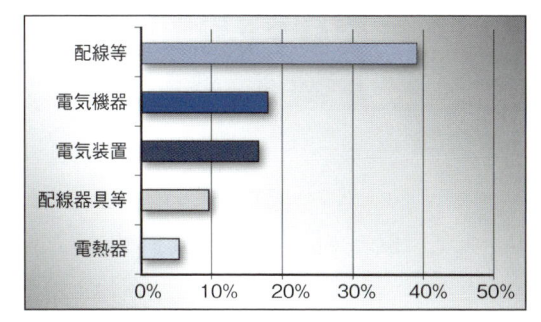

出典：Webサイト「火災調査探偵団」

火災の割合が40 %に近いことがわかります。

このようなコードの短絡が発生したときに瞬時に電気を遮断して火災発生や火傷を防ぐためにコード短絡保護用瞬時遮断機能ブレーカを使うことが今回の省令の改正と内線規程の改訂におりこまれたのです。

## ●スタンダード住宅用分電盤の標準仕様

これからのスタンダード住宅用分電盤について説明します。内線規程の勧告事項を受けてコード短絡保護用瞬時遮断機能と表8-4-1に示す高遮断機能を持った主開閉器と分岐開閉器に使うことがスタンダード住宅用分電盤の標準仕様となりました。このコード短絡保護用瞬時遮断機能付ブレーカを、分岐開閉器（安全ブレーカ、配線用開閉器）に使うことにより、コード短絡による事故発生を減らすことができます。

**表8-4-1　高遮断機能の定格**

| 主開閉器 ||分岐開閉器|
|---|---|---|
| 定格電流 | 定格遮断電流 | 定格遮断電流 |
| 30A 以下 | 2,500A | 2,500A |
| 30A を超え100A 以下 | 5,000A | |
| 100A を超え150A 以下 | 10,000A | |

# 8-5 小勢力回路の設計

　60V以下の機器へ配電するのが「小勢力回路」です。小勢力回路については「電気設備の技術基準の解釈」に電気工事士の資格がなくとも施工できると定められています。しかし、60V以下の電圧とはいえども感電し、労働災害を発生させてしまうおそれがあります。そこで低圧電気取扱い特別教育講習を受講し、修了証を受け取ってから施工に従事することが求められています（173ページのコラム参照）。

　以下に小勢力回路に使う電線やケーブルの種類、接続する機器の定格電圧等の設計について説明します。

## ●電線やケーブルの種類

### 【消防設備の場合】

　消防設備に使う小勢力回路の施工には電線の被覆が燃えて煙やガスの発生の少ない消防用耐熱電線を使うことが定められています。また施工にあたっては甲種4類の資格が必要になります。図8-5-2に消防用耐熱電線の配線区分と接続方法を示します。

### 【防犯設備の場合】

　防犯設備に使われる赤外線ビーム検知器、ガラス破壊検知器、赤外線パッシブ検知器といったセンサー類やベル、サイレン、回転灯といった音や光による威嚇器類の多くは12Vや24Vで動作しています。そこで、センサー類や威嚇器類と電源や信号のやり取りをする警報制御盤との配線は小勢力回路となります。

図8-5-1　警報ベルの施設例

　直径0.5mm以上か断面積が0.3mm$^2$以上の警報用電線（AE）を使って配線します。官公庁等の入札工事では、エコ警報用電線（EM-AE）の使用を指定される場合があります。エコ電線は、被覆

## 図8-5-2 消防用耐熱電線の配線区分と接続方法

### 使用区分（耐火耐熱保護配線の範囲）

金属管なしで露出配線ができる消防設備用耐熱電線および、耐火電線の使用区分は次の通りです。

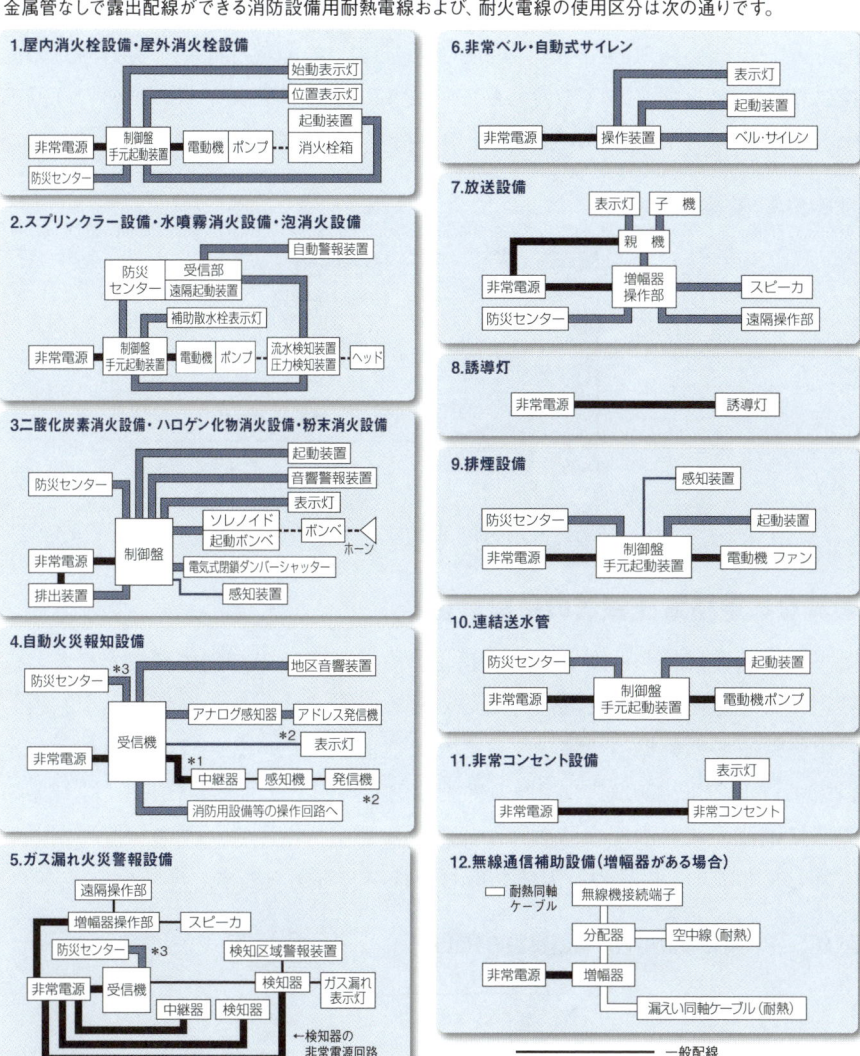

**1. 屋内消火栓設備・屋外消火栓設備**
非常電源／防災センター ― 制御盤・手元起動装置 ― 電動機・ポンプ
制御盤より：始動表示灯、位置表示灯、起動装置、消火栓箱

**2. スプリンクラー設備・水噴霧消火設備・泡消火設備**
防災センター（受信部・遠隔起動装置） ― 自動警報装置
補助散水栓表示灯
非常電源 ― 制御盤・手元起動装置 ― 電動機・ポンプ ― 流水検知装置・圧力検知装置 ― ヘッド

**3. 二酸化炭素消火設備・ハロゲン化物消火設備・粉末消火設備**
防災センター ― 制御盤
起動装置、音響警報装置、表示灯、ソレノイド・起動ボンベ ― ボンベ ― ホーン
電気式閉鎖ダンパーシャッター
非常電源、排出装置、感知装置

**4. 自動火災報知設備**
防災センター *3
受信機 ― 地区音響装置
アナログ感知器、アドレス発信機 *2、表示灯
非常電源
*1 中継器、感知機、発信機 *2
消防用設備等の操作回路へ

**5. ガス漏れ火災警報設備**
遠隔操作部
増幅器操作部 ― スピーカ
防災センター *3
受信機 ― 検知区域警報装置、検知器、ガス漏れ表示灯
非常電源、中継器、検知器
→検知器の非常電源回路

**6. 非常ベル・自動式サイレン**
非常電源 ― 操作装置 ― 表示灯、起動装置、ベル・サイレン

**7. 放送設備**
表示灯、子機 ― 親機
非常電源 ― 増幅器・操作部 ― スピーカ
防災センター ― 遠隔操作部

**8. 誘導灯**
非常電源 ― 誘導灯

**9. 排煙設備**
防災センター ― 感知装置
非常電源 ― 制御盤・手元起動装置 ― 起動装置、電動機ファン

**10. 連結送水管**
防災センター ― 起動装置
非常電源 ― 制御盤・手元起動装置 ― 電動機ポンプ

**11. 非常コンセント設備**
非常電源 ― 非常コンセント、表示灯

**12. 無線通信補助設備（増幅器がある場合）**
耐熱同軸ケーブル ― 無線機接続端子
分配器 ― 空中線（耐熱）
非常電源 ― 増幅器 ― 漏えい同軸ケーブル（耐熱）

凡例：
― 一般配線
------ 水管・ガス管
― 警報用ケーブル
― 耐熱電線露出配線
― 耐火電線露出配線

- 非常電源専用受電設備の場合は建物引込点より規制される。
- 蓄電池設備を機器に内蔵する場合は、機器の電源配線を一般配線とすることができる。

（注）*1：中継器の非常電源回路（中継器が予備電源を内蔵している場合は、一般配線でもよい）
（注）*2：発信機を他の消防用設備等の起動装置と兼用する場合、発信機上部表示灯の回路は非常電源付の耐熱配線とすること。
（注）*3：受信機が防災センターに設けられている場合は、一般配線でもよい。

出典：日本電線工業株式会社ホームページ

に有害物質や発煙物質を含まないエコマテリアル（EM）を使用しています。

防犯設備において検知器用電源や検知器信号には12Vが、電気鍵用電源には24Vが多く使われています。図8-5-3に示す警報制御盤とやり取りをする配線の多くは小勢力回路です。接地やAC100Vの配線を除く小勢力回路の配線にはエコケーブルがよく使われています。これは公共工事の小勢力回路の配線にエコケーブル（EM-AE）の使用を指定されている場合が多いからです。

**図 8-5-3　警報制御盤**

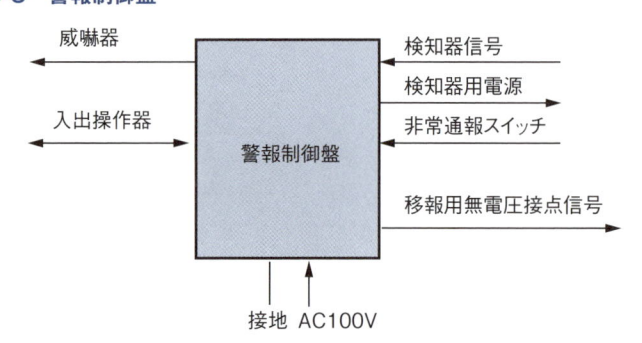

## ●異なる定格電圧機器の併設禁止

小勢力回路に使われている電線は細いものが多いので配線が長くなると供給電圧より電圧降下してしまうことが多くなります。この電圧降下を利用して定格電圧の低い機器を併設することは禁止されています。図8-5-4に示す定格電圧DC12VとDC9Vの機器の併設の例で説明します。定格電圧DC12Vの機器に電流が流れなくなる故障が発生すると定格電圧DC9Vの機器の電圧が上昇してしまい、故障の原因になるおそれがあるからです。

**図 8-5-4　異なる定格電圧機器併設の禁止例**

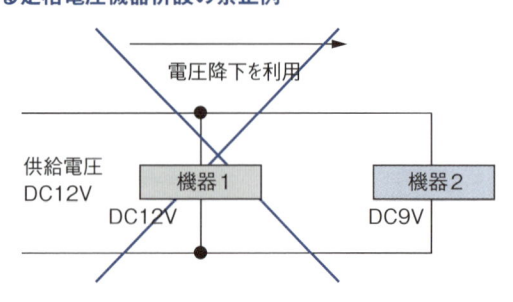

# 第9章

# 配線図と図記号

この章では電気工事に使われる図面（単線図と複線図）の読み方と書き方とこれらの図面に使われる図記号について説明していきます。

# 9-1 配線図①
## 単線図

### ●技能試験によく出る3路スイッチ、4路スイッチ回路

　電気工事の現場では多くの図面が使われています。その中で電気工事士技能試験問題に関係の深い図面として「単線図」と「複線図」があります。単線図は使用する配線器具の配置とその配線や、お互いの関係を示しています。複線図では、単線図を元にして具体的な電線の本数や配線箇所を示します。

　毎年度、電気技術者試験センターから単線図の電気工事士技能試験候補問題が発表されています。本節では、この候補問題の中から毎年よく出題されている3路スイッチ－4路スイッチ－3路スイッチの組み合わせによりランプを点灯、消灯させる配線の単線図の読み取り方について説明します。次節では、この単線図から実際の配線に即した複線図を作成する手順を説明します。

　説明に使う単線図を図9-1-1の左側に、単線図に使われている図記号の名称を右側に示します。

**図9-1-1　3路－4路-3路スイッチ回路の単線図**

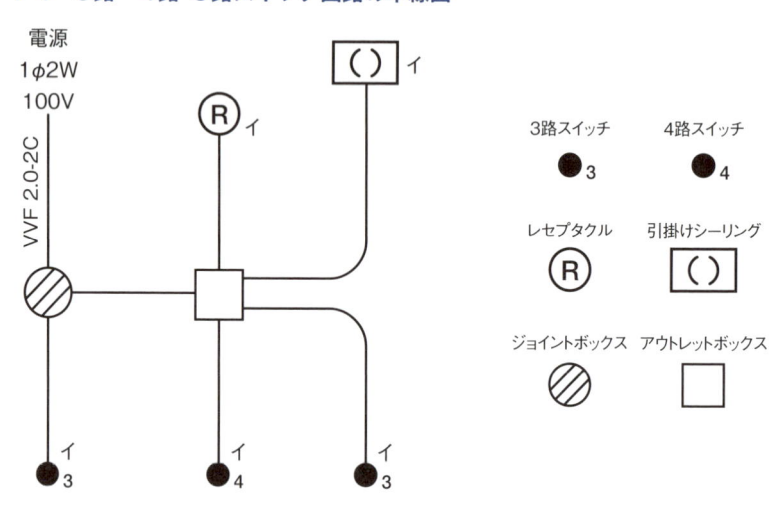

出典：平成26年度第2種電気工事士技能試験の候補問題 NO.10

## ●単線図のチェックポイント

　電気技術者試験センターより公表されている平成26年度候補問題No.10の3路スイッチ－4路スイッチ－3路スイッチ回路に関する図9-1-1に示す単線図を例にとり、複線図作成のために読み解いておくためのポイントを以下説明します。

①「電源1φ2W100V」と記載されているので、電源の種類は単相2線式100Vです。2線の非接地側を＋で、接地側を－で表記します。

②電源配線に沿って「VVF2.0-2C」と記載されていますので、配線に使用するのは平型のVVFケーブルで芯線の直径が2.0mm、電線の本数は2であることがわかります。絶縁被覆の色が黒の電線を非接地側に、色が白の電線を接地側の配線に使用します。

③連動して動作する関係にあるスイッチや照明器具には、同じカタカナの文字が振られています。この単線図では3路スイッチ、4路スイッチ、レセプタクル、引掛けシーリングに「イ」が振られているので連動関係にあることがわかります。

④黒丸の右側に「3」が書かれている記号が3路スイッチで、黒丸の右側に「4」が書かれているのが4路スイッチです。この単線図では3か所に取り付けられたどのスイッチからでもレセプタクルのランプと引掛けシーリングの照明器具の入り切りができるように配線します。この場合には2個の3路スイッチの間に4路スイッチを入れたスイッチ回路構成になります。157ページに説明するスイッチ回路動作と配線を理解しておきましょう。

⑤○に3本の斜線が引かれている記号がジョイントボックスです。ジョイントボックスには、電源2本の配線と左下の3路スイッチの3本の配線がボックス内に取り込まれて接続配線とアウトレットボックスへの接続配線を行います。

⑥真ん中にある□の記号がアウトレットボックスです。アウトレットボックスには4路スイッチの4本の配線、右下の3路スイッチの3本の配線、レセプタクルから2本の配線、引掛けシーリングからの2本の配線およびジョイントボックスからの配線が取り込まれて接続配線を行います。

　チェックポイントを単線図から読み取り、整理を終えたら複線図の作成にとりかかります。

# 9-2 配線図②
## 複線図

　前節で説明した電気技術者試験センター発表の3路スイッチと4路スイッチを使用した候補問題の単線図を複線図に書き換えていく手順を次に説明します。

**【単線図から複線図に書き換えていく手順】**
①単線図の図記号位置に対応する回路記号を書き入れます。対応する回路記号がないものはそのまま書き入れます。ジョイントボックスとアウトレットボックスは書き入れず、空白とします。

**図9-2-1　単線図の図記号の位置に対応する回路記号等を記入**

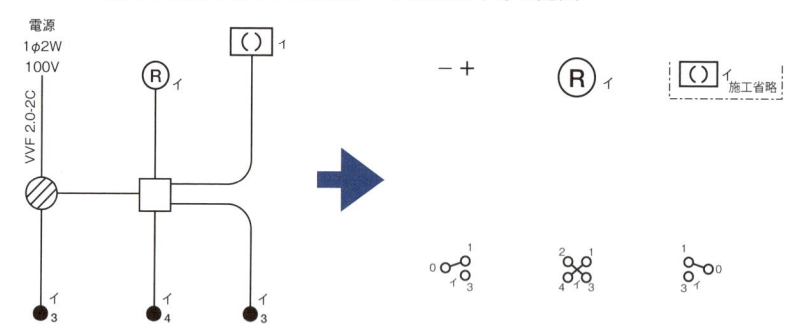

②左上の電源の－(接地側)からジョイントボックスとアウトレットボックスを介して負荷となるレセプタクルと引掛けシーリングの－側へ配線します。
③電源の＋側からジョイントボックスを介して左下の3路スイッチの0端子へ配線します。
④左下の3路スイッチと中央下の4路スイッチをジョイントボックスとアウトレットボックスを介して配線します。
・3路スイッチの1端子は4路スイッチの2端子と配線します。
・3路スイッチの3端子は4路スイッチの4端子と配線します。
⑤中央下の4路スイッチと右下の3路スイッチをアウトレットボックスを介して配線します。

・4路スイッチの1端子は3路スイッチの1端子と配線します。
・4路スイッチの3端子は3路スイッチの3端子と配線します。
⑥右下の3路スイッチの0端子からアウトレットボックスを介してレセプタクルの＋(非接地)側と引掛けシーリングの＋側へ配線します。

**図9-2-2 ②〜⑥ 配線器具の間の配線を記入する手順**

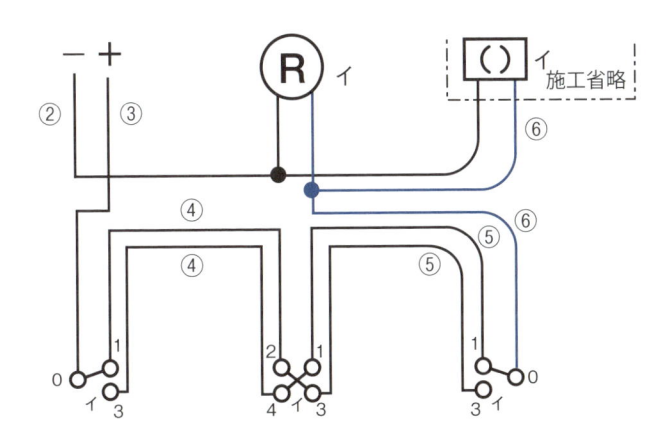

## Column
### 結線と接続の方法

- **レセプタクル**：ペンチやストリッパーで芯線をのの字(右巻き)に曲げてリングを作り、接地側の白線のリングを受金側に、黒線のリングをへそ側にねじ止めします。
- **3路スイッチ、4路スイッチ**：電線の被覆をむき、芯線を差し込みます。
- **ジョイントボックス、アウトレットボックス内**：リングスリーブではリングに芯線を差し込み、圧着します。リングを飛び出している芯線はカットします。差込形コネクタでは適切な長さにカットされた芯線を差し込みます。

**図9-A　ランプレセプタクル**

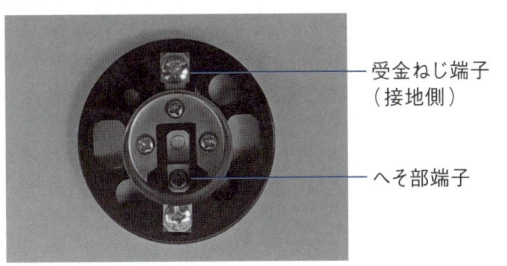

- 受金ねじ端子(接地側)
- へそ部端子

⑦電線の接続するジョイントボックス位置を○で、アウトレットボックス位置を□で大きく囲みます。
⑧○の中のスリーブ接続箇所に●、□の中のコネクタ接続箇所に■を記します。

**図9-2-3 ⑦～⑧**

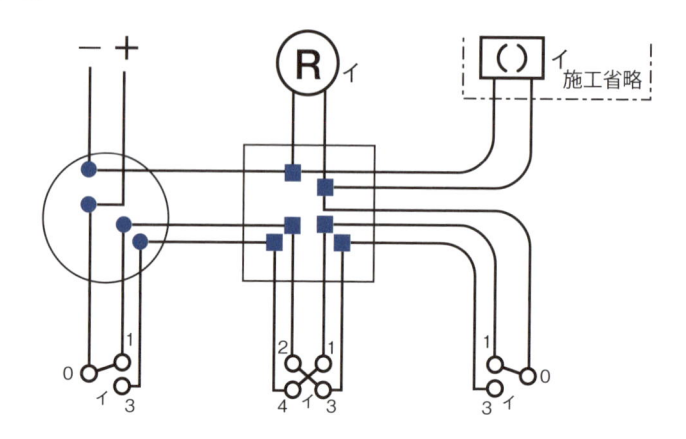

⑨電源の−側の配線に白のシを、電源の＋側の配線に黒のクを記します。
⑩色の指定されていない配線にシ（白）、ク（黒）、ア（赤）から選択し記します。
　説明中の電源の「＋」は非接地側を、「−」は接地側を指しています。

**図9-2-4 ②～⑩**

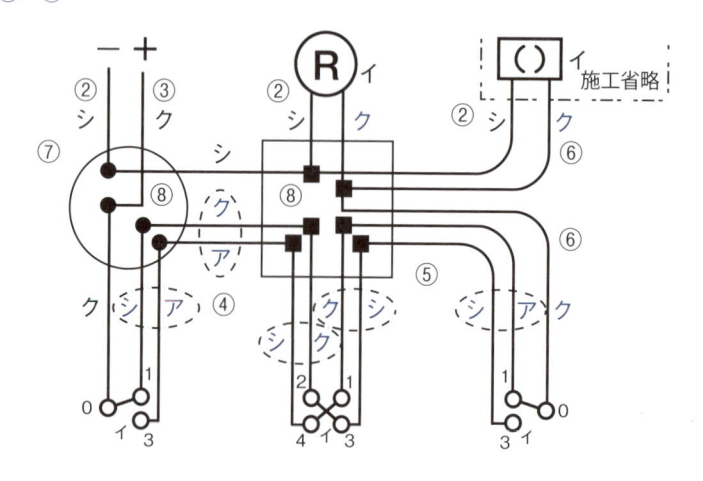

資料提供：Web サイト「電気の資格とお勉強」(http://eleking.net)

# Column
## スイッチ回路と2進法

9-1節と9-2節で説明した3路スイッチ2個と、4路スイッチ1個を使った回路の負荷のランプの点灯と消灯の組合せは、各スイッチは2つの状態しかとらないので8つの組合せになります。この組合せを0と1の2進法で表現すると表9-Aになります。

ある状態からスイッチの1つが反転するとランプの状態も反転します。たとえば状態①のランプが消灯している状態から状態②か状態③か状態⑤になるとランプは点灯します。

このように2つの状態しかとらない器具の組合せとその結果は2進法で表現できます。

### 表9-A　3路スイッチ－4路スイッチ－3路スイッチ回路の2進法表現

| 状態 | 3路スイッチ(下) | 4路スイッチ(中) | 3路スイッチ(上) | ランプ 0:消 1:点 |
|---|---|---|---|---|
| ① | 0 | 0 | 0 | 0 |
| ② | 0 | 0 | 1 | 1 |
| ③ | 0 | 1 | 0 | 1 |
| ④ | 0 | 1 | 1 | 0 |
| ⑤ | 1 | 0 | 0 | 1 |
| ⑥ | 1 | 0 | 1 | 0 |
| ⑦ | 1 | 1 | 0 | 0 |
| ⑧ | 1 | 1 | 1 | 1 |

【状態の定義】
表9-Aの3路スイッチ、4路スイッチ、ランプの状態の定義を表9-Bに示します。

### 表9-B　スイッチとランプの状態の定義

| 状態 | 3路スイッチ | 4路スイッチ | ランプ | |
|---|---|---|---|---|
| 0 | | | | 消灯 |
| 1 | | | | 点灯 |

【4路スイッチが反転した場合】
4路スイッチが反転して状態②のON(点灯)から状態④のOFF(消灯)へ移行した動作を図9-Bの回路図で示します。

### 図9-B　ON(点灯)からOFF(消灯)への移行

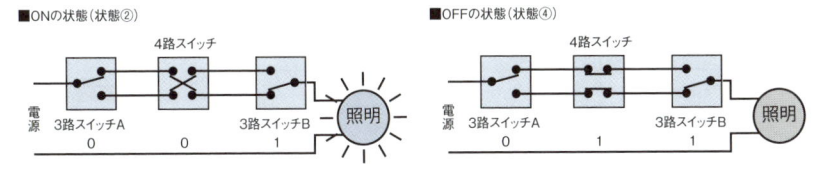

■ONの状態(状態②)　　　　　　　　■OFFの状態(状態④)

# 9-3 配線、配管の図記号

電気工事の図面に配線の種類、配線材料、配管を記載するのに使われている主な図記号とその名称を表9-3-1に示します。

表9-3-1 配線、配管の図記号

| | 図記号 | 名称 | 補足説明 | 写真等 |
|---|---|---|---|---|
| ① | ⌇ | 受電点 | 低圧受電路の責任分界点 | ① |
| ② | ──── | 天井隠ぺい配線 | 天井に施設されていて見えない配線 | |
| ③ | ─ ─ ─ ─ | 床隠ぺい配線 | 床下に施設されていて見えない配線 | |
| ④ | - - - - - - | 露出配線 | 天井、床下以外に施設されていて見える配線 | |
| ⑤ | ─ ・ ─ ・ ─ | 地中埋設配線 | 地中に埋めて施設される配線 | ⑥ |
| ⑥ | VVF 2.0-2C ──── | VVF 2芯ケーブル | ビニルシースケーブル平形 | ⑦ |
| ⑦ | VVF 1.6-3C ──── | VVF 3芯ケーブル | ビニルシースケーブル平形 | |

| | 図記号 | 名称 | 補足説明 | 写真等 |
|---|---|---|---|---|
| ⑧ | VVR 1.6-3C ———— | VVR 3芯ケーブル | ビニルシースケーブル 丸形 | ⑧ シースビニル／絶縁体ビニル／導体 |
| ⑨ | EM-EEF 1.6-3C ———— | EM-EEF 3芯ケーブル | エコシースケーブル 平形 | |
| ⑩ | IV 1.6 ———— | IV 線 | 屋内配線用ビニル電線 | |
| ⑪ | IV 1.6（C19） —//— | 薄鋼電線管 | C 管 斜線数は管内の電線数、（ ）内は管の種類と呼び径を示す | ⑪ |
| ⑫ | IV 2.0（E19） —///— | ネジなし電線管 | E 管 斜線数は管内の電線数、（ ）内は管の種類と呼び径を示す | |
| ⑬ | IV 1.6（VE28） —///— | 硬質塩化ビニル電線管 | VE 管 斜線数は管内の電線数、（ ）内は管の種類と呼び径を示す | ⑬ |
| ⑭ | IV 1.6（PF16） —//— | 合成樹脂製可とう電線管 | PF 管、 CD 管（オレンジ色） 斜線数は管内の電線数、（ ）内は管の種類と呼び径を示す | ⑭ PF管<br><br>⑭ CD管 |
| ⑮ | ⊙↓ | 引き下げ | 上の階から下の階に引き下げる配線 | |
| ⑯ | ⊙↑ | 立ち上げ | 下の階から上の階に引き上げる配線 | |
| ⑰ | ⇅⊙ | 素通し | 下の階と上の階の間の素通になる階の配線 | |

写真提供：⑪全国金属製電線管附属品工業組合／⑬クボタシーアイ株式会社／⑭古河電気工業株式会社

9・配線図と図記号

# 9-4 コンセントの図記号

　主なコンセントの名称とその図記号を表9-4-1に示します。差し込まれたプラグ付きコードを通して電気を機器に供給するのがコンセントの役目です。差し込むプラグの数、プラグ形状、使用される環境等に対応するいろいろなコンセントがあります。図記号の右わきに示す数字や文字で、構成や付加されている機能等の説明を記載しています。

**表9-4-1　コンセントの図記号**

| | 図記号 | 名称 | 補足説明 | 写真等 |
|---|---|---|---|---|
| ① | | 天井コンセント | 天井付した一般形コンセント | |
| ② | | 床面取付コンセント(2口) | 床面収納コンセント | ② |
| ③ | | 壁付コンセント | 壁に埋め込まれて施設される | ③ |
| ④ | | 壁付コンセント(2口) | 添字2：2口を連用枠 | |
| ⑤ | | 壁付コンセント(3口) | 添字3：3口 | ⑤ |

160

| | 図記号 | 名称 | 補足説明 | 写真等 |
|---|---|---|---|---|
| ⑥ | ⊕LK | 抜け止め形コンセント | 添字 LK：Lock | ⑥ |
| ⑦ | ⊕E | 接地極付コンセント | 添字 E：Earth の頭文字 | |
| ⑧ | ⊕ET | 接地端子付コンセント | 添字 ET：Earth Terminal | ⑨ |
| ⑨ | ⊕EET | 接地極付接地端子付コンセント | 添字 EET：Earth Earth Terminal | ⑩ |
| ⑩ | ⊕EL | 漏電遮断器付コンセント | 添字 EL：Earth Leakage | ⑪ |
| ⑪ | ⊕WP | 防雨形コンセント | 添字 WP：Weather Proof | |
| ⑫ | ⊕T | 引掛形コンセント | プラグの刃をコンセントとかみ合わせて引掛ける<br>添字 T：Twist | ⑫ |

写真提供：パナソニック株式会社

9・配線図と図記号

# 9-5 スイッチの図記号

　照明器具や制御の対象となる電気機器の電気を入り切りするのがスイッチや遮断器です。表9-5-1に用途目的や使用環境等に対応した各種のスイッチと対応する図記号を示します。

### 表 9-5-1　スイッチの図記号

| | 図記号 | 名称 | 補足説明 | 写真等 |
|---|---|---|---|---|
| ① | ● | 単極スイッチ | 1回路の負荷を入り切りする。タンブラースイッチともよばれる | ① |
| ② | ●3 | 3路スイッチ | 階段の上下にある3路スイッチで照明を点灯、消灯する | 外観は3路も4路も同じです ② |
| ③ | ●4 | 4路スイッチ | 階段の中間にある4回路スイッチで照明を点灯、消灯する | |
| ④ | ●P | プルスイッチ | 垂れ下っているひもを引くことにより照明を点灯、消灯する P：Pull | ③ |
| ⑤ | ●WP | 防雨形スイッチ | 雨滴が侵入しない構造のスイッチ　WP：Weather Proof | ⑦ |
| ⑥ | ●L | 確認表示灯内蔵スイッチ | 入り切りがランプの点灯状態で確認できるスイッチ | |
| ⑦ | ●H | 位置表示灯内蔵スイッチ | ホタル(H)のような光でスイッチの位置を内蔵のランプで表示する | ⑧ |
| ⑧ | ●T | タイマー付きスイッチ | 設定時間が経過すると下のスイッチに従って負荷を入り切りする | |

| | 図記号 | 名称 | 補足説明 | 写真等 |
|---|---|---|---|---|
| ⑨ | TS | タイムスイッチ | 設定した時間になると照明や機器を入り切りする | ⑨ |
| ⑩ | ●A | 自動点滅器 | 周囲の明るさを検出して点滅する A：Auto | |
| ⑪ | ↗● | 調光器 | つまみを回して明るさを調整する | ⑪ |
| ⑫ | ●R | リモコンスイッチ | リモコンリレーへ入り切りの信号を送るスイッチ | ⑬ |
| ⑬ | ▲ | リモコンリレー | リモコンリレーからの信号で負荷を入り切りするスイッチ | |
| ⑭ | ⊕ | リモコンセレクタスイッチ | 多くの負荷の中からリモコンで選択して入り切りできるスイッチ盤 | ⑮ |
| ⑮ | B | 配線用遮断器 | 一次の電源側と二次の負荷側を定められた条件を越えたときに遮断する | |
| ⑯ | B M | モータブレーカ | 一次の電源側と二次のモータ負荷側を定格条件を越えたときに遮断する | ⑯ |
| ⑰ | BE | 過負荷保護付漏電遮断器 | 漏電が発生しても過負荷になっても電源を切断する遮断器 | ⑰ |
| ⑱ | S | 開閉器 | ナイフスイッチ、カットアウトスイッチなど | |

写真提供：①②東芝ライテック株式会社／⑦⑧⑨⑪⑬パナソニック株式会社／⑮⑰テンパール工業株式会社⑯河村電器産業株式会社

9・配線図と図記号

# 9-6 照明器具の図記号

　照明器具には灯具の種類や形状、取り付ける場所や位置、環境条件等に応じてさまざまな種類があり、対応する取り付け器具があります。表9-6-1に照明器具と関連器具の図記号を示します。

**表 9-6-1　照明器具の図記号**

| | 図記号 | 名称 | 補足説明 | 写真等 |
|---|---|---|---|---|
| ① | ( ) (角) | 引掛けシーリング（角形） | 角型をした天井側の取り付け器具 | ① |
| ② | ( ) (丸) | 引掛けシーリング（丸形） | 丸型をした天井側の取り付け器具 | ② |
| ③ | CL | シーリング（天井直付け） | CL：Ceiling Light | ③ |
| ④ | CH | シャンデリア | CH：Chandelier | ④ |
| ⑤ | R | ランプレセプタクル | R：Receptacle | ⑤ |
| ⑥ | ⊖ | ペンダント | 天井から吊り下げる照明 | ⑥ |

| | 図記号 | 名称 | 補足説明 | 写真等 |
|---|---|---|---|---|
| ⑦ | (DL) | ダウンライト | DL：Down Light | ⑦ |
| ⑧ | | 蛍光灯 | 天井直付型の蛍光灯 | ⑧ |
| ⑨ | | 壁付蛍光灯 | 壁面取付の蛍光灯照明 | ⑨ |
| ⑩ | | 誘導灯（蛍光灯） | 蛍光灯による誘導路の照明 | |
| ⑪ | | 誘導灯（白熱灯） | 白熱灯による誘導路の照明 | ⑫ |
| ⑫ | | 壁付白熱灯 | 壁面取付の白熱灯照明 | |
| ⑬ | ○H200 | 水銀灯 | H200：水銀灯200W | ⑬ |
| ⑭ | | 屋外灯 | 屋外のスポット照明 | ⑭ |
| ⑮ | A | 屋外灯（自動点滅器付き） | 暗くなると自動的に点灯するスポット照明 | |

写真提供：①～⑨、⑬⑭パナソニック株式会社

9・配線図と図記号

## 9-7 その他の図記号

開閉器、遮断器や制御器等を収納する盤や配線、接続を内部で行うための箱、電気工事の対象となる電気機器等にも図記号があります。表9-7-1に9-3節～9-6節で紹介した図記号以外のよく使われているその他の図記号を示します。

**表 9-7-1　その他の図記号**

| | 図記号 | 名称 | 補足説明 | 写真等 |
|---|---|---|---|---|
| ① | ◣ | 分電盤 | 内蔵する配線用遮断器や漏電遮断器で安全に分電する盤 | ① |
| ② | ⧖ | 制御盤 | 制御に使うPLCや制御基板等の制御機能を内蔵している盤 | |
| ③ | ⊠ | 配電盤 | 受電した電気を分電盤や制御盤に配電する盤 | ② |
| ④ | ⌀ | VVF用ジョイントボックス | リングスリーブや差込形コネクタでVVFケーブルの相互接続のための箱 | |
| ⑤ | □ | アウトレットボックス | 電線管やケーブルを差し込むノックアウト穴をもつ相互接続のための箱 | ④ |
| ⑥ | ⊠ | プルボックス | ボックス内部で配管を通してケーブル相互を接続するための箱 | ⑤ |
| ⑦ | Wh | 電力量計 | 積算電力値を数値で表示するメーター | |

| | 図記号 | 名称 | 補足説明 | 写真等 |
|---|---|---|---|---|
| ⑧ | Ⓣ | 変圧器 | 交流電圧を変換するトランス | ⑧ |
| ⑨ | CT | 変流器 | 電流を検出するトランス CT：Current Transformer | |
| ⑩ | (ブザー記号) | ブザー | 振動音で知らせる報知器 | ⑨ |
| ⑪ | (ベル記号) | ベル | 打音で知らせる報知器 | |
| ⑫ | (チャイム記号) | チャイム | チャイム音で知らせる報知器 | ⑩ |
| ⑬ | (進相コンデンサ記号) | 進相コンデンサ | 受電盤や交流機器で交流電源の位相を調整するためのコンデンサ | ⑪ |
| ⑭ | RC I | ルームエアコン室内機 | 冷暖房エアコンの室内送風機　I：In | |
| ⑮ | RC O | ルームエアコン室外機 | 冷暖房エアコンのコンプレッサー O：Out | ⑬ |
| ⑯ | (換気扇記号) | 換気扇 | 左が壁付タイプの図記号　右が天井付タイプの図記号 | ⑰ |
| ⑰ | Ⓗ | 電熱器 | 電熱コンロ等ヒーターを有する器具 H：Heater | |

9・配線図と図記号

写真提供：①②河村電器産業株式会社／④⑤未来工業株式会社／⑧株式会社川原電機製作所／⑨三菱電機株式会社／⑩⑪パナソニック株式会社／⑬ニチコン株式会社／⑰株式会社石崎電機製作所

## Column
## 電気工事に関連のある図面のCAD化

　屋内工事、屋外工事に使われる図記号のシンボル集が登録されている電気工事用のCADが増えています。CADは配置図となる単線図、施工図面となる複線図を作成するのみならず、材料の拾い出し、申請用書類作成等の多くの機能を備えています。

　図9-Cに示すように、手書き作業に要する時間に比べ専用CADではおよそ7分の1の時間に短縮可能との試算もあります。CADを使っていれば設計変更に伴う迅速な対応も可能です。

　電線やケーブルを使った配線に木材のプリカットや自動車のハーネスと同じようなCADデータを使って工場生産のできるプレファブ化の波が押し寄せています。これからの電気工事の設計にはCADが不可欠になってきています。

　CADソフト選択のポイントは、
① 職場にあるパソコンにお試し版をインストールして快適に作業できるかをチェック
　　→ストレスのたまる処理速度なら別のソフトを探すかパソコンの買い替えが必要です。
② 目的とする作業がCADのメニューに含まれていて使えるかをチェック
　　→後からオプションで購入することになると余計な手間や出費がかさみます。
③ 処理した図面を職場のプリンターで速やかにプリントアウトできるかをチェック
　　→プリンター内の処理に時間がかかりなかなか出力されない場合があります。
　　　希望の出力サイズに対応していない場合はプリンターの買い替えが必要になります。
④ 連携している業者から提供されるデータを取り込んで活用できるかをチェック
　　→購入資材等の外部から得られるデータを取り込めると作業効率がアップします。
　　　連携している業者に電子データを送ってやり取りができることも重要です。
⑤ 現在購入予定CADを使用しているユーザーから良い点と悪い点をヒアリング
　　→効率的な使いこなしの貴重な情報や意外な情報を得ることができます。
⑥ 購入するCADソフトのバージョンアップ時期をチェック
　　→購入してすぐにバージョンアップが行われ、有償なら思わぬ出費になります。

**図9-C　CAD作業と手書き作業にかかる時間の比較例**

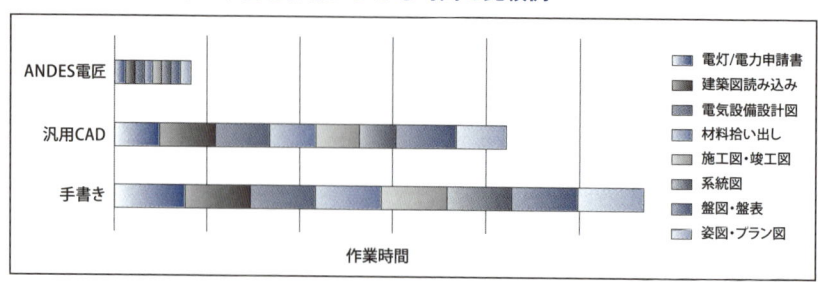

出典：株式会社システムズナガシマ「ANDES電匠」ホームページより

第10章

# 電気工事関係の法令

この章では電気工事の保安を保つための電気事業法、電気工事士法、電気工事業法、電気用品安全法の4法令を中心に説明していきます。

# 10-1 電気保安に関する法律の体系

## ●電気保安4法

電気は、一般家庭、オフィス、病院、工場等いたるところで使われている必要不可欠なインフラとなるエネルギーとなっています。そこで電気工事の竣工したときの調査に加えて竣工した後も停電、感電、漏電等の電気事故が発生しないように保全していくことが求められています。そのために電気保安4法とよばれている法律が定められています。また、新しい技術動向等に対応して随時関係政省令が出されています。表10-1-1に電気保安4法の目的を示します。

表 10-1-1　電気保安4法と関係政省令

| | |
|---|---|
| 「電気事業法」と関係政省令 | 電力会社等の電気供給者の責任等を定める |
| 「電気工事士法」と関係政省令 | 電気工事に従事する者に必要となる資格や義務等を定める |
| 「電気工事業法」と関係政省令 | 電気工事を行う業者が守らなければならない事柄を定める |
| 「電気用品安全法」と関係政省令 | テレビ、エアコン、電気ポット等の家電製品や配線材料、配線器具等の該当製品とその製造、販売に当たって守らなければならない事柄や適合を示すマークを定める |

電気保安に関する4つの法律が対象とする会社や業者等の体系を図10-1-1に示します。

図 10-1-1
電気保安4法の対象事業者

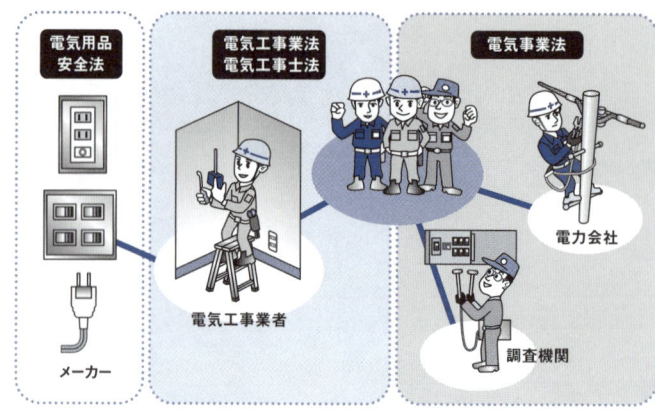

出典：電気安全全国連絡委員会

このように電気保安に関する法律が定められていても竣工検査の不良や竣工後の電気事故が多く発生しています。法律の厳守とともに施工技術や技量の向上が求められています。

## ●電気工事の竣工時の不良件数の動向

電気事業法第57条の2第1項の規定に基づく登録調査機関は、電気工事が竣工したときに竣工調査（検査）を行っています。電気工事の不良率は減少傾向にありますが、まだ工事件数の1％前後にあたる約3万件が竣工調査時に発見されています。図10-1-2に電気工事の不良件数の動向を示します。

**図10-1-2　電気工事の不良件数の動向**

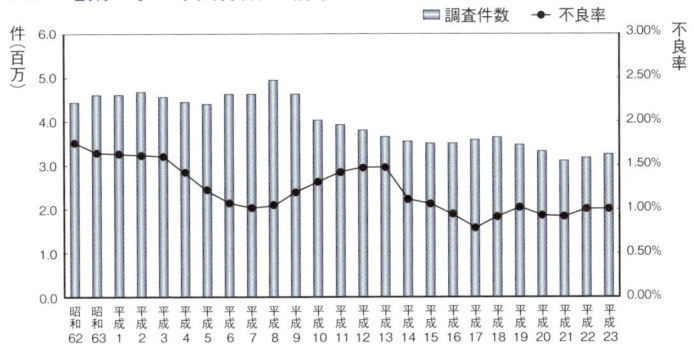

出典：電気安全全国連絡委員会

電気工事が竣工した後にも各種の電気事故が発生しています。停電、漏電、感電等の電気事故の主な原因の比率を図10-1-3に示します。

**図10-1-3　種類別事故件数内訳（平成3～12年度累計）**

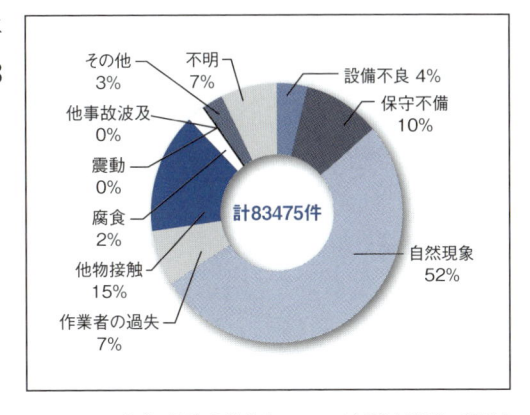

計83475件

- その他 3%
- 不明 7%
- 設備不良 4%
- 保守不備 10%
- 他事故波及 0%
- 震動 0%
- 腐食 2%
- 他物接触 15%
- 作業者の過失 7%
- 自然現象 52%

出典：経済産業省ホームページ「電気事故の現状」

10・電気工事関係の法令

# 10-2 電気事業法

　電気事業は、現代社会で最も重要なインフラです。電気事業法は、この電気事業に関係する法律の元締めに位置しており、電気事業と電気保安の大綱を定めています。電気事業法の第1条に「電気事業の運営を適正かつ合理的ならしめることによって、電気の使用者の利益を保護し、および電気事業の健全な発達を図るとともに、電気工作物の工事、維持および運用を規制することによって、公共の安全を確保し、および環境の保全を図ることを目的とする」と定めています。

## ●電気工作物の種類

### 【一般用電気工作物】

　電気事業者から低圧（600V以下）の電圧で受電している一般住宅や商店、コンビニ、小規模な事業所などにおける電気工作物をいいます。また、表10-2-1に示す発電電圧が600V以下の小出力発電設備を含みます。

表10-2-1　小出力発電設備の種類

| 種　類 | 出力範囲 |
| --- | --- |
| 太陽電池発電設備 | 50kW未満 |
| 風力発電設備 | 20kW未満 |
| 水力発電設備（ダム式を除く） | 20kW未満および最大使用水量1m$^3$/s未満 |
| 内燃機関発電設備 | 10kW未満 |
| 燃料電池発電設備 | 10kW未満 |
| 上の設備の組合せ | 50kW未満 |

### 【事業用電気工作物】

　10kW以上の電気工作物は、事業用電気工作物としています。また、事業用電気工作物は、電気事業の用に供する電気工作物と自家用電気工作物の2つに区分しています。

(1) **電気事業の用に供する電気工作物**
　　一般電気事業者（全国の10電力会社）、卸電気事業者（電源開発株式会社と日本原子力発電株式会社）や特定規模電気事業者（新電力、PPS）等が電気供給に使用する電気事業用に必要となる電気工作物です。

### (2) 自家用電気工作物

一般用工作物と電気事業の用に供する電気工作物以外の電気工作物が該当します。600 V以上の受電設備、小出力発電設備以外の自家用発電設備、火薬類製造の電気設備、炭坑の電気設備等があります。図10-2-1に電気工作物の種類と区分及び該当する事業者を示します。

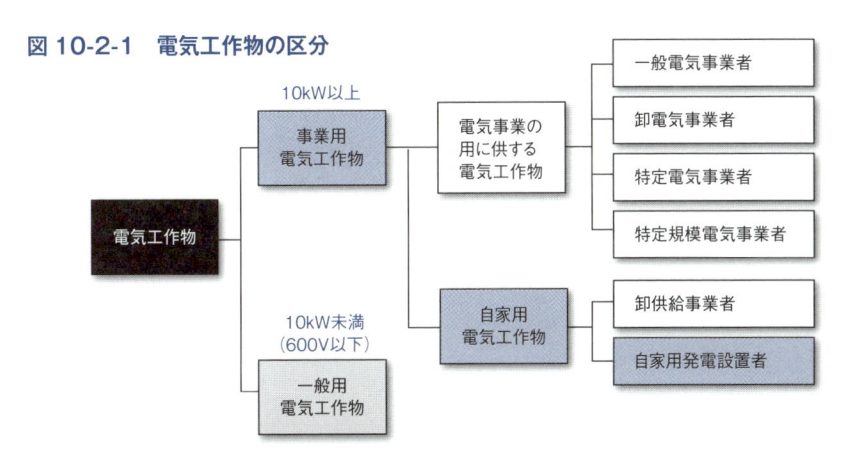

#### 図10-2-1　電気工作物の区分

```
                                    ┌─ 一般電気事業者
                    ┌─ 電気事業の    ├─ 卸電気事業者
        10kW以上    │   用に供する   ├─ 特定電気事業者
       ┌─ 事業用 ──┤   電気工作物   └─ 特定規模電気事業者
       │  電気工作物 │
電気工作物┤            │
       │            └─ 自家用        ┌─ 卸供給事業者
       │               電気工作物    └─ 自家用発電設置者
       │  10kW未満
       │ （600V以下）
       └─ 一般用
          電気工作物
```

---

## Column

### 低圧電気取扱い業務特別教育とは

　低圧電気取扱い業務特別教育は、労働安全衛生法で定められている特別教育です。低圧電気作業に従事される方は、講習を受講し、修了証をもらっておくことが必要になります。

　労働安全衛生規則第36条第4号では、「低圧の充電電路の敷設や修理の業務または配電盤室、変電室等の区画された場所に設置する低圧の電路のうち、充電部分が露出している開閉器の操作の業務」を行う場合は、特別教育修了者を就かせなければならないと定めています。

　講習の内容には、低圧電気に関する基礎知識、低圧の電気設備に関する基礎知識、低圧用の安全作業用具に関する基礎知識、低圧の活線作業及び活線近接作業の方法、関係法令などの学科教育が含まれています。また、実技教育として低圧充電電路の停電・復電の確認、充電部が露出している開閉器の操作方法が含まれます。

　この教育は、労働災害発生の防止が目的なので低圧電気作業従事者の感電事故を未然に防ぐ知識と実技に重点がおかれています。

# 10-3 電気工事士法

　電気工事士法は、電気工事士の義務と第1種電気工事士のできる作業範囲と第2種電気工事士のできる作業範囲を定めている、電気工事士を指導監督するための法律です。電気工事の作業に従事する者の資格および義務を定め、電気工事の欠陥による災害の発生の防止に寄与することを目的としています。

## ●電気工事士の作業できる範囲

　図10-3-1に自家用工作物と一般工作物で第1種電気工事士と第2種電気工事士が従事できる作業範囲を示します。

**図10-3-1　電気工作物の作業資格**

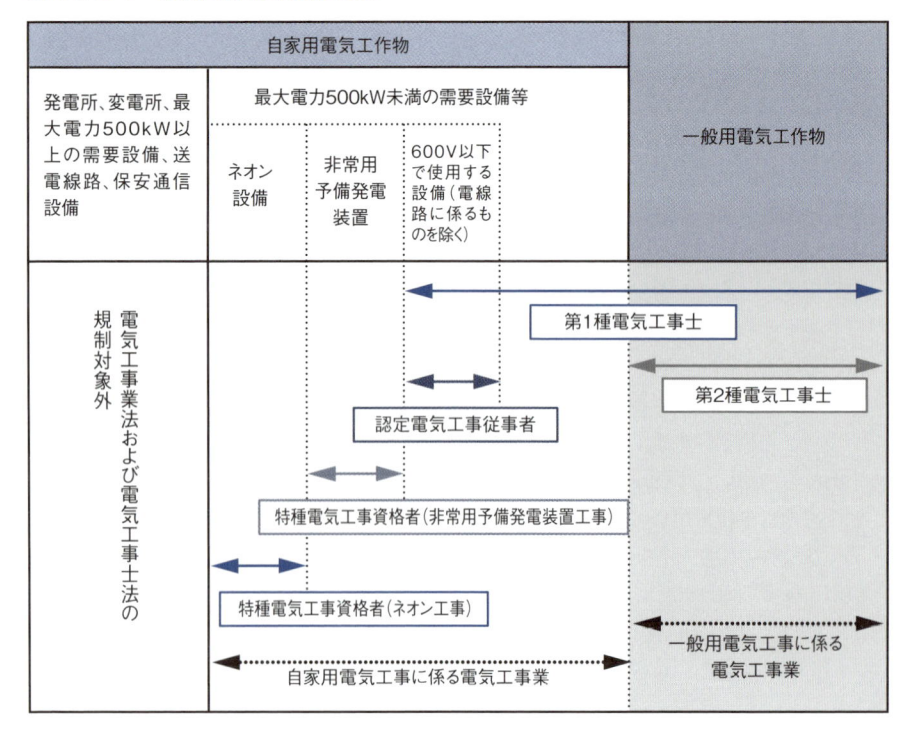

| 自家用電気工作物 | | | | 一般用電気工作物 |
|---|---|---|---|---|
| 発電所、変電所、最大電力500kW以上の需要設備、送電線路、保安通信設備 | 最大電力500kW未満の需要設備等 | | | |
| | ネオン設備 | 非常用予備発電装置 | 600V以下で使用する設備（電線路に係るものを除く） | |

規制対象外（電気事業法および電気工事士法の）

- 第1種電気工事士：最大電力500kW未満の需要設備等〜一般用電気工作物
- 第2種電気工事士：一般用電気工作物
- 認定電気工事従事者：600V以下で使用する設備
- 特種電気工事資格者（非常用予備発電装置工事）
- 特種電気工事資格者（ネオン工事）
- 自家用電気工事に係る電気工事業
- 一般用電気工事に係る電気工事業

## ●工事範囲と資格種別

図10-3-2に自家用電気工作物と一般用電気工作物の工事範囲と工事に従事できる資格種別を示します。

**図 10-3-2　工事範囲と資格種別**

| 工事範囲(軽微な工事を除く) | | | 資格種別 |
|---|---|---|---|
| | 特種電気工事 | ③ネオン工事 | 特種電気工事資格者(ネオン工事) |
| | | ④非常用予備発電装置工事 | 特種電気工事資格者(非常用予備発電装置工事) |
| ①自家用電気工作物<br>(省令に定める保安上支障のない作業を除く) | | | 第1種電気工事士 |
| | | ⑤簡易電気工事 | 認定電気工事従事者 |
| ②一般用電気工作物<br>(省令に定める保安上支障のない作業を除く) | | | 第2種電気工事士<br>(旧電気工事士) |

## ●電気工事士の義務

電気工事士法では電気工事士の義務として以下の項目を規定しています。
(1) 電気設備技術基準に適合する作業をする
(2) 電気工事の作業に従事するときは、電気工事士免状を携帯する
(3) 電気用品安全法に適合している電気工事材料、電気器具等の電気用品を使用する
(4) 電気工事の施工方法、設置した電気機器、使用している電気材料等や検査結果等について都道府県知事から報告を求められたときはこれを報告する

## ●電気工事士免状の交付、再交付と書き換え

電気工事士の免状は、都道府県知事に申請して交付を受けます。また、電気工事士の免状の再交付や書き換え交付が生じたときも都道府県知事に申請して交付を受けます。

# 10-4 電気工事業法

　電気工事業法は、電気工事業の業務が適正に実施されるために電気工事業者を規制するための法律で「電気工事業の業務の適正化に関する法律」(昭和45年5月23日法律第96号)の略です。第1条に「電気工事業を営む者の登録等およびその業務の規制を行うことにより、その業務の適正な実施を確保し、もって一般用電気工作物および自家用電気工作物の保安の確保に資することを目的とする。」と記されています。

## ●電気工事業者の登録
　電気工事業を営もうとする者の登録申請先等の規定は表10-4-1の通りです。

表 10-4-1　電気工事業者の登録申請先

| 営業所が1か所のとき | 都道府県知事に登録申請 |
|---|---|
| 営業所が2か所以上の都道府県にあるとき | 経済産業大臣に登録申請 |
| 登録電気工事業者の登録の有効期限 | 5年 |
| 登録の廃止や変更 | 30日以内に登録申請先に届け出る |

## ●電気工事業者の義務
　電気工事業法は、電気工事業者の義務として以下の項目を規定しています。
(1) 営業所ごとに主任電気工事士を置く
(2) 電気工事士でない者を電気工事の作業に従事させることの禁止
(3) 電気用品安全法の表示が付されている電気用品を工事に使用する
(4) 一般用電気工作物の工事をする場合には営業所ごとに次の測定器を備える
　　絶縁抵抗計、接地抵抗計、回路計(抵抗および交流電圧を測定できるもの)
(5) 営業所および電気工事の施工場所ごとに、氏名または名称、登録番号、

電気工事の種類、その他の経済産業省令で定める事項を記載した標識を掲示する

(6) 営業所ごとに帳簿を備え、その業務に関し経済産業省令で定める事項を記載し、5年間保存する。

【帳簿への記載事項】
・注文者の氏名または名称および住所、電気工事の種類および施工場所
・施工年月日、配線図、検査結果、主任電気工事士および作業者の氏名

## ●電気工事業者の変更等手続きで必要となる書類

表10-4-2に変更、増設、廃止等が生じたときに電気事業者が届出手続きをするときに必要となる書類と手数料の要、不要を示します。

### 表 10-4-2　変更等手続きと必要となる書類

| 変更等の内容／必要な書類 | 住所 個人 | 住所 法人 | 氏名または名称 個人 | 氏名または名称 法人 | 営業所の名称 | 営業所の場所 | 法人の代表者役員 | 電気工事の種類 | 営業所の増設 | 主任電気工事士 | 〃 免状の種類 | 登録行政庁 | 電気工事業の廃止 | 備考 |
|---|---|---|---|---|---|---|---|---|---|---|---|---|---|---|
| 登録事項等変更届出書（様式第11） | ○ | ○ | ○ | ○ | ○ | ○ | ○ | ○ | ○ | ○ | ○ | | | |
| 登録行政庁変更届出書（様式第5） | | | | | | | | | | | | ○ | | |
| 電気工事業廃止届出書（様式第12） | | | | | | | | | | | | | ○ | |
| 申請者に係る誓約書 | ○ | ○ | ○ | ○ | ○ | ○ | ○ | ○ | ○ | ○ | ○ | | | 法人・個人別様式 |
| 申請者の登記簿謄本 | | ○ | | ○ | | | ○ | | | | | | | 原本 |
| 備付器具表 | | | | | | | | ○ | ○ | | | | | |
| 主任電気工事士に係る誓約書 | | | | | | | | ○ | ○ | | | | | 申請者本人・法人役員の場合は不要 |
| 〃　の雇用証明書 | | | | | | | | ○ | ○ | | | | | |
| 〃　の免状の写し | | | | | | | | ○ | ○ | ○ | | | | |
| 〃　実務経験証明書 | | | | | | | | ○ | ○ | | | | | 第1種は不要 第2種は3年以上の実務経験が必要 |
| 大臣または局長登録証の写し | | | | | | | | | | | | ○ | | |
| 登録電気工事業者登録証 | ○ | ○ | ○ | ○ | | ○ | | | | | | ○ | ○ | |
| 手数料 (2,200円) | ○ | ○ | ○ | ○ | | ○ | | | | | | | | |

※行政区画の変更等による住所変更については手数料は不要（住居表示に関する法律第7条）

出典：広島県ホームページ

# 10-5 電気用品安全法

　電気用品安全法は、一般的に屋内コンセントからAC100Vが印加される環境で使用する機器、器具、材料等の電気用品法の製造や販売と輸入した電気用品を規制し、電気用品による危険を防止して安全を確保する法律です。

## ●電気用品安全法の目的

　電気用品安全法では目的を「電気用品の製造、販売等を規制するとともに、電気用品の安全性の確保につき民間事業者の自主的な活動を促進することにより、電気用品による危険および障害の発生を防止すること」と定めています。ここで電気用品とは、一般用電気工作物の部分となり、またはこれに接続して用いられる機械、器具または材料であって、政令で定めるもの、および携帯発電機であって政令で定めるものとなっています。

　電気用品は、政令で定められている「特定電気用品」とそれ以外の「その他の電気用品」に分けられています。

　一般的に屋内コンセントからAC100Vが印加される環境で使用する機器、器具、材料は電気用品法に適合してPSEマークを表示できないと販売できません。図10-5-1に菱形ＰＳＥマークと円形ＰＳＥマークを示します。

### 図10-5-1　菱形ＰＳＥマークと円形ＰＳＥマーク

【菱形 PSE マーク】
特に危険性が高いものとして法律で指定された特定電気用品について、安全検査をクリアしている表示。

【円形 PSE マーク】
スマートフォン用バッテリー等、一定の危険性のある一般家電製品の安全検査をクリアしている表示。

## ●特定電気用品

　特定電気用品とは、構造上または使用方法その他の使用状況からみて特に危険または障害の発生するおそれの多い電気用品であって、政令で定められている116品目です。具体的には長期間にわたって連続して無監視状態で使

われるものや、人体に直接触れて使われる医療器具等が入っています。経済産業大臣認定機関において検査承認を得て届け出をすると菱形のPSEマークか<PS>Eを製品に表示できます。表10-5-1に特定電気用品の区分とその主な電気用品と品目数を示します。

### 表10-5-1　特定電気用品の区分とその主な電気用品

| 区　分 | 主な電気用品 |
| --- | --- |
| 電線 | ・ゴム絶縁電線、合成樹脂絶縁電線等25品目 |
| ヒューズ | ・温度ヒューズ、管形ヒューズ等4品目 |
| 配線器具 | ・タンブラースイッチ、コンセント等43品目 |
| 電流制限器 | ・アンペア制用電流制限器、定額制用電流制限器の2品目 |
| 変圧器、安定器 | ・おもちゃ用変圧器、蛍光灯用安定器等6品目 |
| 電熱器具 | ・電気便座、家庭用温熱治療器等15品目 |
| 電動力応用機械器具 | ・電気井戸ポンプ、自動販売機等15品目 |
| 電子応用機械器具 | ・高周波脱毛機の1品目 |
| 交流用電気機械器具 | ・磁気治療器、直流電源装置等4品目 |
| 携帯発電機 | ・携帯発電機の1品目 |

## ●特定電気用品以外の電気用品

　特定電気用品以外の電気用品には本書の執筆時点で12の区分と341品目の用品があり、一般家電製品や多くの電気器具が対象になります。経済産業大臣認定機関において検査承認を得て届け出をすると円形のPSEマークか(PS)Eを製品に表示できます。表10-5-2に区分の一部とその主な電気用品を示します。

### 表10-5-2　特定電気用品以外の電気用品の主な区分とその主な電気用品

| 区　分 | 主な電気用品 |
| --- | --- |
| 電線管 | 金属製の電線管、一種金属製可とう電線管、二種金属製可とう電線管、一種金属製線ぴ、二種金属製線ぴ、合成樹脂製電線管等30品目 |
| 電動力応用機械器具 | 電気冷蔵庫、電気冷水機、電動ミシン、ジューサー、コーヒーひき機、電気食器洗浄機、精米機、タイムレコーダー、ラミネーター、電気かみそり、電気掃除機、電気洗濯機、電気ドリル、電気スクリュードライバー等134品目 |

■巻末資料

# 電気の基礎知識

現代物理学では電気の正体はマイナスに荷電している自由電子とされています。この自由電子が移動して電流の流れとなり、電気エネルギーの発生や消費がともないます。電気エネルギーの発生や消費を中心にして電気の基礎を説明していきます。

資料協力：CRANE-CLUB

## 1 電流

### 1-1 電流の歴史

　　アメリカのベンジャミン・フランクリンが実験によって「電流はプラスからマイナスに流れる」と決めた定義が使われてきました。しかし1897年にイギリスのＪＪトムソンが元素は原子と電子よりなっており、この電子が元素を飛び出して自由電子となってプラス極に移動することを発見しました。自由電子の流れを電流としてとらえると電流の流れる方向が逆になってしまいます。しかし、プラスからマイナスに流れる定義が定着してしまい、計算には大きな問題が生じないのでそのまま現在まで使われてきています。
（電流の流れる方向を自由電子の流れる方向に決めている国もあります）

フランクリン  　　　　　　　　　　　　　ＪＪトムソン　　　　電子／原子核

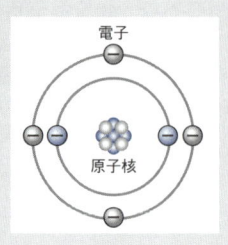

## 1-2 直流

乾電池や蓄電池のように、電流が流れる方向が一定で電圧もほぼ安定しているのが「直流」です。直流は、電池のほかに直流発電機の出力や交流を整流回路から平滑回路を通しても得ることができます。整流回路の出力には交流成分が残っているので脈流とよばれ、交流成分を含まない電池のような出力を平流とよんでいます。

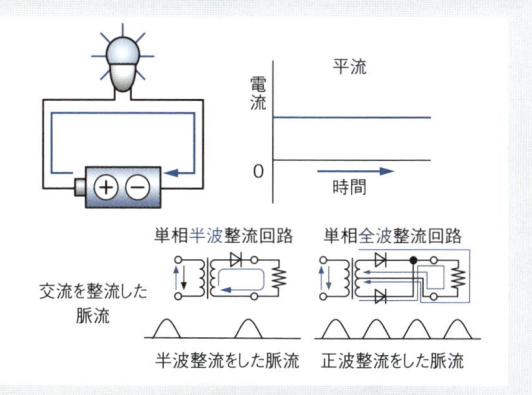

平流

単相半波整流回路　単相全波整流回路

交流を整流した脈流

半波整流をした脈流　　正波整流をした脈流

※矢印は電流の流れる方向を示します。

## 1-3 交流

電圧の大きさと電流の流れる方向が時間経過とともに周期的に変化していくものを「交流」とよびます。ひとつの山と谷をサイクルとよび、1秒間に繰り返されるサイクル数を周波数とよんでいます。周波数の単位にはヘルツ（Hz）が使われています。日本では東日本で50Hz、西日本で60Hzの交流が使われています。これは明治初期に輸入した交流発電機の周波数が異なっていたことに起因しています。

一般家庭には、二線式の単相交流100Vと三線式の単相交流が電力会社より供給されています。一方、動力用電動機等を使用する工場等の大口需要家には三線式の200Vか400Vの三相交流が供給されています。

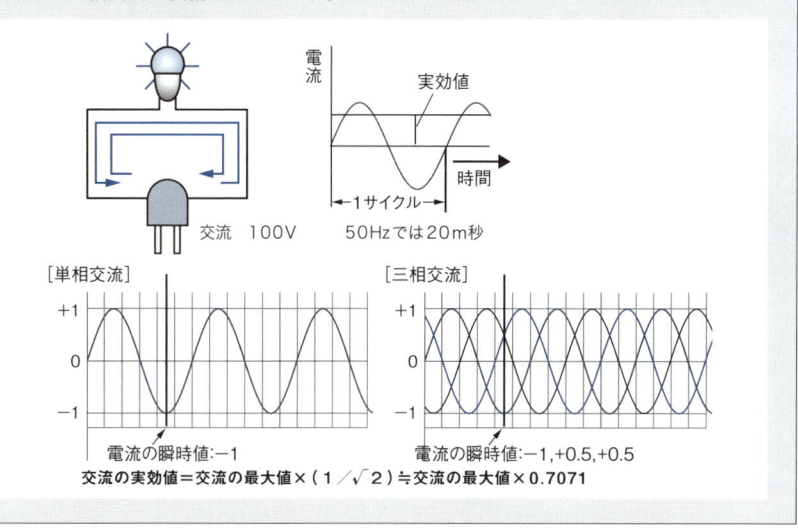

交流　100V　　50Hzでは20m秒　←1サイクル→　実効値

[単相交流]　電流の瞬時値:−1

[三相交流]　電流の瞬時値:−1,+0.5,+0.5

交流の実効値＝交流の最大値×（1／√2）≒交流の最大値×0.7071

## 2 電圧

　水は、高い所から低い所に向かって流れます。電流も同じで、高電位から低電位に向かって流れます。電流を流すためには電気の圧力が必要で、水位に相当する電位の差を電位差といいます。電流を流す力である電位差は、一般に「電圧」とよばれ、単位には電池の発明者であるボルタにちなんでボルト(V)が使われています。

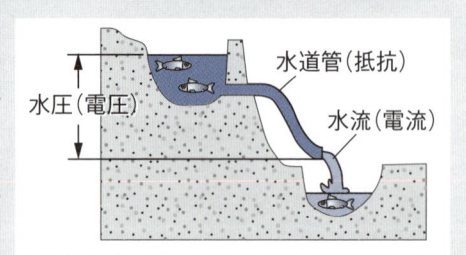

ボルタ

## 3 抵抗の接続と合成抵抗

　電気を流しにくくする素子が抵抗です。抵抗の大きさを示す単位がオーム($\Omega$)です。

### 3-1 直列接続と合成抵抗

抵抗の一方の端同士を接続したのが直列接続です。

（例）両方の抵抗$R_1$と$R_2$を加算した値が合成抵抗Rになります。

$$R = R_1 + R_2$$

### 3-2 並列接続と合成抵抗

抵抗の両端同士を接続したのが並列接続です。

（例）各抵抗の逆数$1/R_1$と$1/R_2$を求めて加算した値の逆数が合成抵抗Rになります。

$$R = \dfrac{1}{\dfrac{1}{R_1} + \dfrac{1}{R_2}}$$

## 3-3 直並列接続と合成抵抗

直列接続と並列接続の両方を含むのが直並列接続です。部分の合成抵抗を求めて接続を簡単にしていくと直並列接続全体の合成抵抗を求めることができます。

(例)まず右側の$R_2$、$R_3$、$R_4$の直並列接続の合成抵抗Rを求め、$R_1$とRの直列接続にします。つぎに$R_1$とRの合成抵抗を加算して直並列接続の合成抵抗を求めます。

$$R = R_1 + \cfrac{1}{\cfrac{1}{R_2 + R_3} + \cfrac{1}{R_4}}$$

抵抗の逆数は、電気の通りやすさ(コンダクタンス)を示し、単位はジーメンス(S)になります。

ジーメンス(S)=1/抵抗(Ω)

ドイツの電気工学者・発明家、ジーメンス

## 4 オームの法則

回路に流れる電流の大きさは、電圧に比例し、抵抗に反比例します。これを下の図のような回路で実験した場合、Bの回路はAの2倍の乾電池(電圧)によって明るさが2倍になります。Cの回路は、Aの2倍の豆電球(抵抗)によって明るさが1/2になります。ドイツの科学者オームがこの法則を1826年に公表したため、オームの法則とよばれています。電流、電圧、抵抗の関係は、次の式で表すことができます。

電圧(V)=電流(A)×抵抗(Ω)

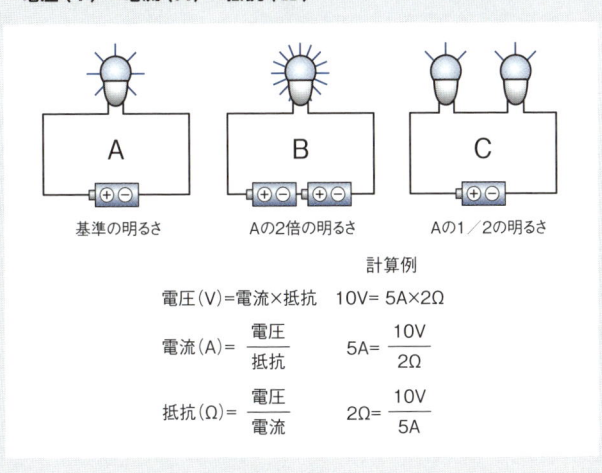

A 基準の明るさ
B Aの2倍の明るさ
C Aの1/2の明るさ

オーム

計算例

電圧(V)=電流×抵抗　　10V= 5A×2Ω

電流(A)= 電圧/抵抗　　5A= 10V/2Ω

抵抗(Ω)= 電圧/電流　　2Ω= 10V/5A

## 5　導体と不導体（絶縁体）

　物質には、電気を通しやすい導体と電気を通しにくい不導体があります。不導体は、物質内の原子核と電子の結びつきが非常に強く、物質の抵抗値が高いために電気が流れにくくなります。　とくに電気が流れにくい物質を絶縁体とよんでいます。物質の抵抗は、長さに比例し、断面積に反比例します。物質の長さが2倍になると抵抗値は2倍になり、断面積が2倍になると抵抗値は1／2になります。

導体（電導体）の例
　　銅、鉄、アルミニウム、金、銀、黒鉛、炭素
不導体（絶縁体）の例
　1.　固体　（ゴム、雲母、磁器、ガラス、セラミックス、合成樹脂）
　2.　液体　（鉱物油、純水）水に海水等の不純物が溶け込むと電気をよく通す。
　3.　気体　（空気）空気に強い電圧を加えた場合は、放電現象が起きる。

　現代物理学では電気の正体はマイナスに荷電している自由電子とされています。この自由電子が移動して電流の流れとなり、電気エネルギーの発生や消費がともないます。電気エネルギーの発生や消費を中心にして電気の基礎を説明していきます。

## 6　電力と電力量

　電気エネルギーの単位時間当たりの仕事量を電力といいます。電力は、電気エネルギーを消費することなので消費電力ともよばれています。電力の単位にはW（ワット）を使用し、1,000Wが1kW（キロワット）になります。100V60W等と表示されている場合、100Vの表示は100Vの電圧を使用することを表し、60Wは消費電力を表しています。
　電力は、電圧と電流の積で求めることができます。電圧は、電流と抵抗の積であるため、電流の2乗と抵抗の積によっても電力を求めることができます。一般家庭で家電製品を使い過ぎると、ブレーカが落ちることがあります。電力会社との契約電流を30Aとした場合、一般家庭の電圧は100Vであるため、電力の許容量は3,000W（30A×100V）になります。ブレーカを落とさないためには、同時に使用する各々の家電品の消費電力の合計が許容量を超えないようにして使用しなければなりません。

　　電力（W）＝ 電圧（V）× 電流（A）

　＜例題＞
　電圧が100V、電流が2Aのときの電力

　　電力 ＝ 100 × 2 ＝ 200W

電力量は、ある時間内に消費した電力の総量を示すもので、電力と使用した時間の積によって電力量を求めることができます。電力量の単位には、Wh（ワットアワー）またはkWh（キロワットアワー）が使用されています。

**電力量（Wh）＝ 電力（W）× 消費した時間（hr）**

＜例題＞
800Wの電動機を2時間使用したときに消費した電力量

電力量（Wh）＝ 800×2 ＝ 1,600Wh ＝ 1.6kWh

蒸気機関の発明者、ワット

## 7　ジュール熱

電熱器は、通電することによりニクロム線の中の電子が原子や分子の抵抗とぶつかって発熱するもので この抵抗による発熱作用をジュール熱といいます。電動機に定格荷重以上の負荷がかかると、電動機に規定以上の電流が流れ、巻線の温度が異常に上昇して焼きつくことがあります。この現象もジュール熱によるものです。イギリスのジュールによって1840年に発表されたため、熱量の単位には J（ジュール）が用いられています。ジュール熱は、消費した電力量と等しいので、次の式で求めることができます。

**ジュール熱（J）＝ 電圧（V）×電流（A）×消費時間（sec）＝電力（W）×消費時間（sec）**

＜例題＞
800Wのヒーターを2時間使用したときに発生するジュール熱

ジュール熱＝800×2×3,600＝5,760,000＝5,760kJ

ジュール

■電気工事に関連のあるURL集

電気設備の技術基準の解釈　平成 25 年 12 月 24 日改正
　　　　　　　…………………　http://www.meti.go.jp/policy/safety_security/industrial_
　　　　　　　　　　　　　　　　safety/law/files/dengikaishaku.pdf
日本配線システム工業会　会員 56 社＋賛助会員 5 社
　　　　　　　…………………　http://www.jewa.or.jp/
住宅盤専門委員会　日本配線システム工業会の委員 9 社
　　　　　　　…………………　http://www.jewa-hp.jp/
全国金属製電線管附属品工業組合　加盟 20 社（大阪府 10 社、東京都 6 社）
　　　　　　　…………………　http://www.h5.dion.ne.jp/~mcf/prd02/prd02_frm.html
合成樹脂製可とう電線管工業会　加盟 4 社
　　　　　　　…………………　http://www.pf-cd.gr.jp/
フリーアクセスフロア工業会　加盟 17 社＋賛助 1 社
　　　　　　　…………………　http://www.free-access-floor.jp/
日本電線工業会　正会員 122 社＋賛助会員 27 社
　　　　　　　…………………　http://www.jcma2.jp/
全日本ネオン協会
　　　　　　　…………………　http://www.neon-jp.org/98/index2.html
電材メーカーリスト 46 社
　　　　　　　…………………　http://www.jeda.or.jp/maker.html
電材資材電子カタログ
　　　　　　　…………………　http://jecamec.jeca.or.jp/
電材分類・メーカーリスト
　　　　　　　…………………　http://www.s-chuden.co.jp/lineup/lineup_01.html#07
全国作業工具工業組合
　　　　　　　…………………　http://www.sagyo-kogu.com/fl-gaiyo.html
新潟県作業工具協同組合　加盟 14 社
　　　　　　　…………………　http://www.handtool.or.jp/
正しい作業工具の使い方　28 道具
　　　　　　　…………………　http://www.sagyo-kogu.com/howto.html
電気工事技術講習センター　電気工事技術情報
　　　　　　　…………………　http://www.eei.or.jp/ti/index.html
電線接続の注意事項
　　　　　　　…………………　http://www.eei.or.jp/pdf/D_vol31-2.pdf
漏電遮断器
　　　　　　　…………………　http://www.eei.or.jp/pdf/C_vol31-1.pdf
電気設備用語辞典
　　　　　　　…………………　http://electric-facilities.jp/denki7.html
全国設備業 IT 推進会
　　　　　　　…………………　http://www.setsubi-it.jp/
電気の資格とお勉強
　　　　　　　…………………　http://eleking.net

■ **参考文献**

● **書籍**

『電気設備技術基準・解釈早わかり 平成17年改正版』
　　電気設備技術基準研究会 編 ……………………………………………………… オーム社
『電気設備技術基準・解釈早わかり 平成25年版』電気設備技術基準研究会 編 …… 〃
『現場がわかる！電気工事入門』 電気と工事編集部編 ……………………………… 〃
『絵とき百万人の電気工事』 関電工 品質・工事管理部 編 …………………………… 〃
『ぜんぶ絵で見て覚える第2種電気工事士筆記試験すい〜っと合格　2013年版』
　　藤瀧和弘　著 ……………………………………………………………………… 電波新聞社
『2014年版 ひとりで学べる！第2種電気工事士試験』　内野吉夫　編著 ………… ナツメ社
『図解　電気設備の基礎』 本田嘉弘、前田英二、与曽井 孝雄　著 ………………… 〃
『これで合格！第2種電気工事士 頻出ポイント＆問題集』高塚博志　中井義博　著
　　……………………………………………………………………………………… 高橋書店
『図解　建築施工用語辞典』 建築施工用語研究会　編著 ……………………………… 井上書院

● **パンフレット類**

『電気の基礎知識』………………………………………………………… クレーンクラブ編
『電気の豆知識』…………………………………………………………… 関東電気保安協会編
『これからの住宅用分電盤は高性能・高機能』…… 日本配線器具工業会住宅盤専門委員会編
『正しい作業工具の使い方』…………………………………………… 全国作業工具工業組合編

■ **「電気設備の技術基準の解釈」新旧の対応する条**

「電気設備の技術基準の解釈」が改正されると電気工事の名前と対応する条が変更になっていたり、条が削除されていることもあります。下の表に平成17年版と平成25年版の対応する条を示します。

| 電気工事の名前 | 施設場所 ||  電気設備技術基準の解釈の対応する条 ||
|---|---|---|---|---|
|  | 屋内 | 屋外 | H25版 | H17版 |
| 金属管工事 | ○ | ○ | 159 | 178 |
| 合成樹脂管工事 | ○ | ○ | 158 | 177 |
| 金属可とう電線管工事 | ○ | ○ | 160 | 180 |
| 金属線ぴ工事 | ○ |  | 161 | 179 |
| 合成樹脂線ぴ工事 | ○ |  | 削除 | 176 |
| 金属ダクト工事 | ○ |  | 162 | 181 |
| フロアダクト工事 | ○ |  | 165-1 | 183 |
| セルラダクト工事 | ○ |  | 165-2 | 184 |
| バスダクト工事 | ○ | ○ | 163 | 182 |
| ライティングダクト工事 | ○ |  | 165-3 | 185 |
| がいし引き工事 | ○ | ○ | 157 | 175 |
| ケーブル工事 | ○ | ○ | 164 | 187 |
| 平形保護層工事 | ○ |  | 165-4 | 186 |

# 用語索引

## 英数字

| | |
|---|---|
| AC アダプター | 100 |
| A 種接地工事 | 44 |
| B 種接地工事 | 44 |
| Combined Duct | 66 |
| CD 管 | 26,66,68,159 |
| CD 管コネクタ | 80 |
| CV | 59 |
| CT | 59 |
| C 管 | 14,62 |
| C 種接地工事 | 44 |
| DV | 57 |
| D 種接地工事 | 44 |
| EM-EEF | 59 |
| EM-IE | 57 |
| E 管 | 14,63 |
| G 管 | 14,63 |
| HIVE 管 | 18,64 |
| IV | 57 |
| LED 防犯灯 | 104 |
| MI | 59 |
| OW | 57 |
| PFD | 67 |
| PFS | 67 |
| PF 管 | 26,65 |
| PF 管カップリング | 80 |
| PF 管コネクタ | 80 |
| PF 管ボックスコネクタ | 80 |
| PF 管用サドル | 82 |
| Plastic Flexible conduit | 67 |
| PSE マーク | 178 |
| RB | 57 |
| TS カップリング | 80 |
| T 型ドライバー | 108 |
| T 型ユニバーサル | 79 |
| VCT | 59 |
| VE 管 | 18,64 |
| VE 管ウォールカバー | 80 |
| VE 管カバーチーズ | 81 |
| VE 管カバー曲がり | 81 |
| VE 管用サドル | 82 |
| VVF ケーブル | 58,60 |
| VVR ケーブル | 58,60 |
| 2 極法 | 132 |
| 2 号ボックスコネクタ | 80 |
| 3 極法 | 132 |
| 4×4 ボックス | 53 |

## ア行

| | |
|---|---|
| アウトプットトランス | 101 |
| アウトレットボックス | 84,154,166 |
| 厚鋼電線管 | 14,63 |
| 圧着ペンチ | 116 |
| アナログマルチメーター | 134 |
| アンカーボルト | 83 |
| 暗きょ式 | 50 |
| 安全開閉器 | 97 |
| 安全靴 | 124 |
| 安全帯 | 124 |
| アンダーカーペット配線 | 38 |
| 石頭ハンマー | 119 |
| 一種金属製線ぴ | 20,70 |
| 一般用電気工作物 | 10,172 |
| イヤーマフ | 124 |
| 隠ぺい配管工事 | 16 |
| ウェストサポーター | 124 |
| ウオーターポンププライヤー | 120 |
| 薄鋼電線管 | 14,62 |
| 埋込 3 路スイッチ | 92 |
| 埋込 4 路スイッチ | 92 |
| 埋込形コンセント | 90 |
| 埋込形タンブラスイッチ | 92 |
| 埋込式タイムスイッチ | 98 |
| 埋込スイッチボックス | 84 |
| エントランスキャップ | 85 |
| 屋側配線 | 40 |
| 押しボタンスイッチ | 93 |

## カ行

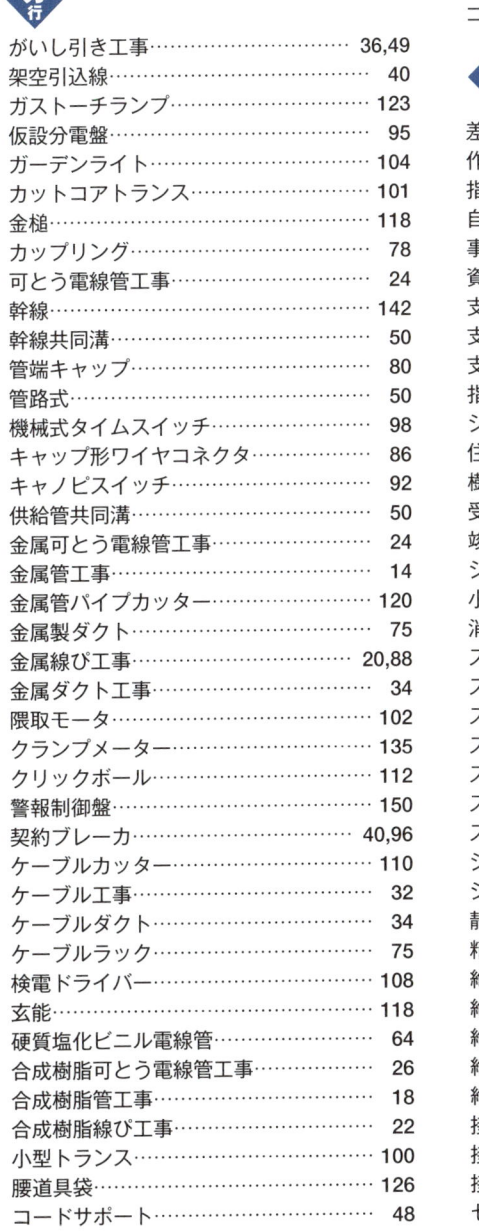

| | |
|---|---|
| がいし引き工事 | 36,49 |
| 架空引込線 | 40 |
| ガストーチランプ | 123 |
| 仮設分電盤 | 95 |
| ガーデンライト | 104 |
| カットコアトランス | 101 |
| 金槌 | 118 |
| カップリング | 78 |
| 可とう電線管工事 | 24 |
| 幹線 | 142 |
| 幹線共同溝 | 50 |
| 管端キャップ | 80 |
| 管路式 | 50 |
| 機械式タイムスイッチ | 98 |
| キャップ形ワイヤコネクタ | 86 |
| キャノピスイッチ | 92 |
| 供給管共同溝 | 50 |
| 金属可とう電線管工事 | 24 |
| 金属管工事 | 14 |
| 金属管パイプカッター | 120 |
| 金属製ダクト | 75 |
| 金属線ぴ工事 | 20,88 |
| 金属ダクト工事 | 34 |
| 隈取モータ | 102 |
| クランプメーター | 135 |
| クリックボール | 112 |
| 警報制御盤 | 150 |
| 契約ブレーカ | 40,96 |
| ケーブルカッター | 110 |
| ケーブル工事 | 32 |
| ケーブルダクト | 34 |
| ケーブルラック | 75 |
| 検電ドライバー | 108 |
| 玄能 | 118 |
| 硬質塩化ビニル電線管 | 64 |
| 合成樹脂可とう電線管工事 | 26 |
| 合成樹脂管工事 | 18 |
| 合成樹脂線ぴ工事 | 22 |
| 小型トランス | 100 |
| 腰道具袋 | 126 |
| コードサポート | 48 |
| コンクリートボックス | 84 |
| コンビネーションカップリング | 78 |

## サ行

| | |
|---|---|
| 差込形ワイヤコネクタ | 86 |
| 作業服 | 126 |
| 指矩 | 136 |
| 自家用電気工作物 | 10,173 |
| 事業用電気工作物 | 10,172 |
| 資産分界表示 | 140 |
| 支持間隔 | 88 |
| 支持線 | 41 |
| 支持点 | 32,88 |
| 指針型回路計 | 134 |
| シース | 58 |
| 住宅用分電盤 | 95,147 |
| 樹脂管パイプカッター | 120 |
| 受電点 | 158 |
| 竣工検査 | 128 |
| ジョイントボックス | 33,85,166 |
| 小勢力回路 | 148 |
| 消防設備 | 148 |
| スコヤ | 136 |
| スタンダード住宅用分電盤 | 147 |
| スチールカッター | 110 |
| スパナレンチ | 109 |
| スポットライト | 104 |
| スライダック | 100 |
| スラブ配管工事 | 53 |
| シャーシパンチ | 112 |
| シーリングライト | 104 |
| 静電手袋 | 126 |
| 精密ドライバー | 108 |
| 絶縁工具 | 126 |
| 絶縁ステップル | 82 |
| 絶縁抵抗計 | 131 |
| 絶縁抵抗値 | 130 |
| 絶縁ブッシング | 79 |
| 接地極付コンセント | 90 |
| 接地工事 | 44,132 |
| 接地抵抗値 | 44,132 |
| セットハンマー | 119 |

189

| | |
|---|---|
| セルラダクト工事 | 37 |
| センサーライト | 104 |
| 洗濯機用モータ | 102 |
| 線ぴ | 70 |
| 線ぴ工事 | 20 |

## タ行

| | |
|---|---|
| 耐衝撃性硬質塩化ビニル電線管 | 64 |
| ダウンライト | 104,185 |
| ダクタークリップ | 83 |
| ダクターチャンネル | 83 |
| 立ち上り施工用ケーブルラック | 76 |
| タップ | 91,112 |
| タップハンドル | 112 |
| 建込み配管工事 | 52 |
| 端子台 | 86 |
| 端子なしジョイントボックス | 85 |
| 単線 | 56 |
| 単線図 | 152 |
| 単相 100V/15A・20A 兼用コンセント | 90 |
| 単相 200V/15A・20A 兼用コンセント | 90 |
| 地中埋設工事 | 50 |
| 柱上トランス | 100 |
| チューブサポート | 48 |
| 直接引込配線 | 140 |
| 直接埋設式 | 50 |
| チョークライン | 138 |
| 直流モータ | 102 |
| 低圧電気取扱い業務特別教育 | 173 |
| 低圧ノップがいし | 82 |
| 定期検査 | 128 |
| デジタル型回路計 | 135 |
| デジタルマルチメーター | 135 |
| 鉄筋コンクリート埋設工事 | 52 |
| テーパーリーマー | 114 |
| 電気工事業法 | 176 |
| 電気工事士法 | 174 |
| 電気事業法 | 172 |
| 電気自動車用電動機 | 102 |
| 電気保安4法 | 170 |
| 電気用品安全法 | 178 |
| 電源電圧変換トランス | 100 |

| | |
|---|---|
| 電エナイフ | 110 |
| 電エペンチ | 112 |
| 電子式タイムスイッチ | 98 |
| 電子ブレーカ | 96 |
| 電車用電動機 | 102 |
| 電動ドリル | 112 |
| 電灯分電盤 | 95 |
| 電力量計ケース | 85 |
| 導通試験 | 129 |
| 動力・電灯分電盤 | 95 |
| 特定電気用品 | 178 |
| トロイダルトランス | 101 |

## ナ行

| | |
|---|---|
| 内線規定 | 146 |
| ナイフスイッチ | 93 |
| ナットドライバー | 108 |
| 二種金属製線ぴ | 20,72 |
| ニッパー | 110 |
| ぬりしろカバー | 84 |
| ネイルハンマー | 119 |
| ネオン検電器 | 135 |
| ネオン変圧器 | 49,100 |
| ねじなし電線管 | 14,63 |
| ねじりスリーブ | 86 |
| ノギス | 136 |
| 鋸 | 110 |
| ノックアウトパンチ | 112 |
| ノーマルベンド | 78 |

## ハ行

| | |
|---|---|
| 配線ダクト | 74 |
| 配線用遮断器 | 94,96,144 |
| パイプねじ切り器 | 122 |
| パイプバイス | 120 |
| パイプベンダー | 122 |
| パイプレンチ | 120 |
| パイラック | 82 |
| パイラッククリップ | 82 |
| バインド線 | 48 |
| はしご形ラック | 76 |

# 用語索引

|  |  |
|---|---|
| バスダクト工事 | 37 |
| 八角ボックス | 54 |
| 半田こて | 117 |
| ハンドドリル | 112 |
| 汎用誘導電動機 | 102 |
| 引込口配線 | 40,140 |
| 引込工事 | 40 |
| 引込線取付点 | 40,140 |
| 引込柱 | 40,141 |
| 引掛けシーリング | 91 |
| 表示灯内蔵埋込形タンブラスイッチ | 92 |
| 平形保護層工事 | 38 |
| フィクスチュアスタッド | 82 |
| 復線図 | 154 |
| プラスドライバー | 108 |
| フリーアクセスフロア | 28 |
| プリカ | 24 |
| プリカチューブ | 24,68 |
| プルボックス | 84,166 |
| フレキ | 24 |
| フレキシブル・コンジット | 24 |
| フロアコンセント | 90 |
| フロアダクト工事 | 28 |
| 分岐回路 | 144 |
| 分電盤 | 94 |
| ヘルメット | 124 |
| 変流器 | 101,167 |
| 防雨形コンセント | 91,161 |
| 防じんマスク | 124 |
| 防水タイプ PF 管コネクタ | 80 |
| 放電灯工事 | 48 |
| 防犯設備 | 148 |
| 保護めがね | 124 |
| ボックスコネクタ | 15,79,80 |
| ホールソー | 114 |
| ホール素子検電器 | 135 |

## マ行

|  |  |
|---|---|
| マイクロメーター | 136 |
| マイナスドライバー | 108 |
| 丸型圧着端子 | 86 |
| 丸型露出ボックス | 84 |

|  |  |
|---|---|
| 耳栓 | 124 |
| メタルモール | 20,70 |
| メッセンジャワイヤ | 41 |
| 面取器 | 122 |
| 目視点検 | 129 |
| モータ式タイムスイッチ | 98 |
| モータブレーカ | 96,163 |
| モンキーレンチ | 108,115 |
| 門燈 | 104 |

## ヤ行

|  |  |
|---|---|
| ユニオンカップリング | 78 |
| ユニバーサル | 78 |
| より線 | 56 |

## ラ行

|  |  |
|---|---|
| ライティングダクト工事 | 30 |
| ライティングダクトレール | 30,74 |
| ラジアスクランプ | 87 |
| ラジオペンチ | 110 |
| 両口ハンマー | 119 |
| リングスリーブ | 86,116 |
| リングレジューサ | 79 |
| 臨時検査 | 129 |
| レーザー墨出し器 | 138 |
| レースウェイ | 20,72 |
| 漏電遮断器 | 94,96 |
| 漏電保護プラグ | 96 |
| 露出形コンセント | 90 |
| 露出形タンブラスイッチ | 92 |
| 露出配管工事 | 16 |
| ロックナット | 79 |

## ワ行

|  |  |
|---|---|
| ワイヤーストリッパー | 110 |
| ワイヤリングダクト | 34 |

■著者紹介

**常深信彦（つねふか のぶひこ）**

1943年 東京都生まれ。1968年 大阪大学基礎工学部制御工学科卒業。1984年まで 日立製作所多賀工場でIT機器の開発に従事。1991年より 日立工業専門学院で電気主任技術者。1999年より 日立・技術研修所でプランニングマネージャ。2006年より㈱アビリティ・インタービジネス・ソリューションズ東京支店に勤務。2010年より㈱ダイコーテクノに勤務 EMCT研究会会員。著書『ディジタル回路』オーム社 『しくみ図解 発光ダイオードが一番わかる』技術評論社 『画像エレクトロニクス』（編著）オーム社

- ●装　丁　　　中村友和（ROVARIS）
- ●作図＆DTP　Felix 三嶽　一
- ●編　集　　　株式会社オリーブグリーン　大野　彰

しくみ図解シリーズ
**電気工事が一番わかる**

2014年11月 5日　初版　第1刷発行
2025年 5月31日　初版　第5刷発行

| 著　者 | 常深信彦 |
|---|---|
| 発行者 | 片岡　巌 |
| 発行所 | 株式会社技術評論社 |
| | 東京都新宿区市谷左内町 21-13 |
| | 電話 |
| | 03-3513-6150　販売促進部 |
| | 03-3267-2270　書籍編集部 |
| 印刷／製本 | 株式会社加藤文明社 |

定価はカバーに表示してあります。

本書の一部または全部を著作権法の定める範囲を超え、無断で複写、複製、転載、テープ化、ファイル化することを禁じます。

©2014　常深信彦

造本には細心の注意を払っておりますが、万一、乱丁（ページの乱れ）や落丁（ページの抜け）がございましたら、小社販売促進部までお送りください。送料小社負担にてお取り替えいたします。

ISBN978-4-7741-6746-6　C3054

Printed in Japan

本書の内容に関するご質問は、下記の宛先まで書面にてお送りください。お電話によるご質問および本書に記載されている内容以外のご質問には、一切お答えできません。あらかじめご了承ください。

〒162-0846
新宿区市谷左内町 21-13
株式会社技術評論社 書籍編集部
「しくみ図解」係
FAX：03-3267-2271